LES

TEMPÊTES

IMP. L. TOINON ET C°, A SAINT-GERMAIN

LES

TEMPÊTES

PAR

MM. ZURCHER & MARGOLLÉ

ORAGES — TROMBES — OURAGANS — RAS DE MARÉE
CYCLONES — MÉTÉORES — ORAGES MAGNÉTIQUES — LOI DES
TEMPÊTES — PRÉVISIONS DU TEMPS — LÉGENDES
ET TRADITIONS

PARIS

COLLECTION HETZEL

J. HETZEL, ÉDITEUR, 18, RUE JACOB

—

Tous droits réservés

1863

LES TEMPÊTES

.... Te raconter les dangers de la mer, ses inexplicables phénomènes, les orages soudains et terribles, les éclairs qui allument l'incendie dans l'air, les noirs torrents de pluie, les nuits ténébreuses, les roulements du tonnerre qui ébranlent la terre, ce serait une entreprise difficile, que je tenterais vainement, lors même que ma voix serait une voix de fer.

CAMOENS.

Ce livre n'est pas seulement le résumé des nombreux travaux qui ont jeté les bases d'une science des tempêtes. Nous avons aussi tenté d'y réunir les lumières éparses dans les œuvres des maîtres à qui nous devons la certitude d'un meilleur avenir, d'un constant progrès vers le bien, d'une Loi divine dominant les bouleversements de l'histoire, comme elle domine les bouleversements de la nature.

F. Zurcher. Elie Margollé.

INTRODUCTION

En écrivant ce résumé, nous avons eu surtout le désir de faire mieux connaître, en la dégageant des ouvrages techniques, une des grandes découvertes de notre époque, si féconde en lumineux aperçus sur les forces mystérieuses qui président à la marche et à la formation des phénomènes de la Nature.

Un de nos plus illustres naturalistes, Et. Geoffroy-Saint-Hilaire, dans ses profondes recherches sur l'unité de composition organique des types du règne animal, a donné, l'un des premiers, les preuves certaines d'une vérité exprimée

déjà par Montaigne avec la plus éloquente conci-
sion : « Ce que nous appelons monstres ne le sont
pas à Dieu. »

Guidé par la même pensée, Gœthe, dans ses
ingénieuses recherches sur l'organisation de la
plante, a montré comme Geoffroy-Saint-Hilaire,
dont il était l'un des fervents admirateurs, que les
formes les plus bizarres de la fleur ou de la feuille
se rapportent toujours à une forme typique, régulière, qui apparait à l'observateur comme un des-
sein permanent de la Nature, que des circonstances
particulières ont pu voiler, sans jamais en détruire
la primitive harmoni.

La minéralogie, la géologie, l'astronomie, nous
donnent, dans leurs plus belles démonstrations,
la même preuve éclatante de l'ordre universel, au
sein duquel tous les êtres vivent ou vers lequel ils
tendent, et qui n'est jamais troublé que par des
perturbations passagères, ou par l'effort constant
de la Nature vers un équilibre plus stable, vers
une harmonie plus complète, vers une beauté
plus grande.

Il nous était réservé de trouver la même religieuse affirmation d'un plan divin dans les régions
inconnues où des forces puissantes répandent à la
surface du globe le mouvement et la vie, se mani-
festant par le cours majestueux et régulier des
vents généraux, par la direction constante des
grands courants magnétiques, ou par les bouleversements de la tempête et les terribles éclats de
l'orage.

Ces phénomènes redoutables, longtemps regardés comme des signes de la colère céleste, sont
aujourd'hui pour nous, grâce aux révélations de
la science, une des plus remarquables confirmations des théories qui nous démontrent l'invincible
tendance des forces vers l'équilibre. Nous pouvons
aussi les considérer comme un violent moyen de
remédier à l'insuffisance du système de circulation
qui entretient et renouvelle la vie, durant la période de formation que nous traversons encore;
ou comme un agent de compensations, en rapport
avec les conditions physiques de la Terre. Mais
quelque soit leur origine, nous voyons toujours

dans l'étude de leurs changements ou de leurs
modifications à travers les siècles, et dans leur
vivifiante influence, même au milieu des désastres
dont ils sont trop souvent la cause, la même
tendance vers le bien, la même certitude du magnifique progrès de la Nature vers un état de plus
en plus favorable aux progrès de l'humanité.

PREMIÈRE PARTIE

LE CHAOS. — TYPHON.

Le premier état du monde, suivant toutes les cosmogonies, est le chaos, le désordre des éléments confondus, luttant dans les ténèbres, au milieu d'un espace sans bornes. — Ces ténèbres, berceau des êtres, en contenaient les principes, et renfermaient, dans le vaste sein de la nuit primitive, les germes de la vie universelle.

1.

Les Égyptiens, symbolisant cette notion avec
une profonde intelligence du sens divin de la création, avaient élevé un Temple à Vénus Ténébreuse, — *Thermoutis*, — la grande Mère, géné-
ratrice de l'univers.

Dans la théogonie d'Hésiode, le Chaos est le plus
ancien des dieux. Il règne sur l'abîme obscur et
tumultueux, où les forces opposées se livrent un
perpétuel combat.

Le mythe des Titans, des géants monstrueux,
premiers nés de la terre, qui se levèrent contre le
ciel, et qui furent vaincus, dispersés par la foudre, indique une seconde époque, fertile encore
en révolutions violentes, mais durant laquelle les
éléments, commençant à se séparer, formèrent
des parties plus distinctes.

C'est après cette formidable lutte que paraît Typhon, l'ouragan terrible qui fait retentir la terre
de ses rugissements et soulève les flots irrités. Jupiter, rassemblant toutes ses forces, le foudroie;
mais, dit Hésiode, il plonge avec douleur dans le
noir Tartare le dernier des Titans.

De Typhon naquirent les tempêtes, les vents
redoutables qui « se précipitent sur les som-

bres vagues et détruisent les brillantes moissons. »

Le doux vent de l'aube, Zéphire, qui fait éclore les fleurs ; le vent du Nord, pur et serein ; le vent du Midi, dont l'humide chaleur féconde la terre *, naissent avec l'Amour qui, des profondeurs de l'Érèbe, s'élève comme un tourbillon, et plane dans la lumière du jour, soutenu sur des ailes d'or.

Ainsi, dès l'origine, apparaissent sous le voile des fables les principaux traits d'une genèse dont la science doit tour à tour nous découvrir les époques successives, et qui, par une coïncidence frappante, se retrouve dans les traditions religieuses des différents peuples, unis dans le premier culte par une commune croyance, comme ils le seront un jour par une même certitude et par une même foi.

———

Les forces dévastatrices du premier âge, les Titans, sont enchaînés par les Dieux sous les hautes montagnes. A jamais ensevelis dans les profondeurs de la terre, ils manifestent encore leur redoutable puissance par le cratère des chaînes volcani-

* Nous engageons le lecteur à voir successivement les notes indiquées par ces chiffres et placées à la fin du volume.

ques. Les éclats de la foudre répondent aux fréquentes éruptions dont tant de grands débris nous attestent la violence.

Mais à ces derniers bouleversements succède une action plus lente et plus soutenue; les forces primitives ne sont pas détruites, elles se modifient et répandent au sein du globe, dans la nuit féconde, la bienfaisante chaleur qui développe les germes, et qui bientôt, unie à la lumière céleste, couvrira la terre de la multitude des êtres.

Seul, Typhon reparaît encore. Du fond des déserts, des régions glacées du pôle, des immenses solitudes de l'Océan, il s'élance, impétueux, formidable, obscurcissant le ciel, soulevant la mer en vagues énormes, renversant les hautes forêts. — Les mythes religieux en font une des premières personnifications du Mal, et, sous des noms divers, il rappelle à l'homme la grandeur de la mission que les Dieux lui ont confiée, la lutte incessante contre les forces destructives qu'il doit dominer ou s'assujettir, par les progrès de la Raison divine qui éclaire à la fois son cœur et son intelligence, par la science et par la concorde.

II

LÉGENDES HÉROÏQUES. — LES ARGONAUTES.

Dès son apparition sur la terre, l'homme eut à se défendre contre les injures du temps, contre les excès de la chaleur ou du froid, contre les orages et les tempêtes. Les traditions nous apprennent qu'il cherchait alors, comme les Troglodytes, un asile dans les grottes et les cavernes, disputées aux bêtes sauvages, mais qui lui offraient un sûr abri contre les rigueurs d'une nature encore inclémente, une retraite toujours ouverte devant les menaces d'un ciel fréquemment orageux.

Il dut cependant affronter, pour assurer son existence, les périls qui l'entouraient, et prendre ainsi l'habitude de résister à la tempête ou de traverser l'orage. Le désir d'atteindre des régions plus fertiles, moins exposées aux intempéries, dut aussi l'engager à tenter le passage des grands fleuves sur des troncs d'arbres ou sur des barques grossièrement construites.

Mais tout son courage, toute son énergie furent nécessaires le jour où il osa s'aventurer sur l'Océan sans limites et perdre de vue le rivage accoutumé : « Un triple chêne, un triple bronze armait le cœur du mortel qui, le premier, livra un frêle esquif aux flots menaçants et qui, ne craignant ni la furie du Notus et de l'Aquilon, ni les sinistres Hyades, osa défier le choc impétueux des vents qui se heurtent. » *(Horace.)*

L'antiquité mit au rang des demi-dieux les navigateurs qui osèrent entreprendre les premières expéditions lointaines. La légende des Argonautes, qui nous a conservé leurs noms, a son origine dans les récits des âges historiques les plus éloignés. — Les héros des différentes peuplades de la Grèce s'embarquent avec Jason sur l'*Argo :* Hercule, Thésée, Pirithoüs, Méléagre, Castor et Pollux, Euryale, Pélée, Admète, Télamon, Amphion, Orphée montent le vaisseau sacré, dont la proue, taillée dans un chêne de la forêt de Dodone, rendait des oracles.

Lyncée, à la vue pénétrante, dont les regards exercés percent la brume et l'obscurité des nuits ; Tiphys, habile à prévoir le temps et à diriger un navire en observant la marche des astres, sont au gouvernail. Orphée, par ses chants divins, anime le courage de ses vaillants compagnons et soutient leur constance sur les mers inconnues, redoutables, dont ils bravent les périls (2). Initié aux mystères, il connaît les signes qui présagent l'assistance ou le courroux des Dieux, et par des vœux, par des sacrifices, il leur demande de conjurer la tempête dont il prédit l'approche. Au son de sa lyre, les héros frappent ensemble les flots de leurs longues rames ; la mer écume sous leurs puissants efforts, et l'*Argo* trouve un abri sur le rivage propice.

Pendant l'orage qui assaillit les Argonautes peu après leur départ, on vit deux flammes briller sur les têtes de Castor et de Pollux, au moment même où la tempête s'éloignait. Depuis, on regarda ces météores, qui apparaissent souvent dans les nuits orageuses, comme des signes favorables, et les

Tyndarides, implorés par les navigateurs, furent
placés au rang des divinités.

Théocrite leur a consacré une de ses idylles : *les
Dioscures* :

« ...Les autans déchaînés soulèvent des montagnes humides, courent en tourbillons de la poupe
à la proue et précipitent les flots sur le navire, qui
s'entr'ouvre de toutes parts; l'antenne gémit, les
voiles se déchirent, le mât brisé vole en éclats;
des torrents lancés du haut des nues augmentent
l'horreur des ténèbres; la vaste mer mugit au loin
sous les coups redoublés de la grêle et des vents.
C'est alors, fils de Léda, que vous arrachez les
vaisseaux à l'abîme, et à la mort le pâle nautonier
qui se croyait déjà descendu aux sombres bords.
Soudain les vents s'apaisent, le calme renaît sur les
ondes, les nuages se dispersent, les Ourses brillent
et les constellations favorables promettent aux matelots une heureuse navigation.

III

TEMPS HISTORIQUES. — PROGRÈS DE L'ART NAUTIQUE.
— MARÉES ET MOUSSONS.

Nous trouvons fréquemment, dans les récits des premiers historiens, la description de tempêtes ou d'orages qui, suivant les superstitions du temps, étaient presque toujours regardés comme des présages sinistres, des avertissements en rapport avec les événements futurs, ou comme les marques d'une secrète sympathie entre la nature et l'homme. Nous reviendrons plus tard sur ces croyances, assez universelles pour attirer sérieusement l'attention.

Mais nous remarquerons, dès maintenant, que les récits dont nous parlons indiquent des perturbations de l'atmosphère probablement beaucoup plus fréquentes et plus violentes que celles de

notre époque. Nous devons donc une reconnaissance plus vive encore aux intrépides navigateurs
qui, malgré de si nombreux périls et l'insuffisance des moyens dont ils disposaient pour les combattre, préparèrent par leurs voyages non-seulement les progrès du commerce, des relations
pacifiques de peuple à peuple, mais encore le progrès des arts, de l'industrie, et, par la colonisa-
tion, l'expansion des idées civilisatrices appartenant aux groupes les plus éclairés de la société
antique.

C'est à la Phénicie et à la Grèce que la navigation dut surtout ses premiers perfectionnements. Des
bâtiments mieux construits, des observations météorologiques plus exactes, une connaissance moins
imparfaite du mouvement des astres, permirent
bientôt de quitter la Méditerranée et de s'avancer,
au delà des colonnes d'Hercule, dans les vastes
régions inexplorées que les premiers navigateurs
croyaient inaccessibles, à cause des épaisses ténèbres et des effroyables tempêtes qui en défendaient
les approches.

Les fables antiques, qui plaçaient au milieu
de ces mers redoutées la région sereine des îles

Fortunées, le riant séjour des Hespérides, durent contribuer à entraîner les marins les plus résolus loin des côtes qu'ils étaient habitués à suivre, sur la mer sans bornes et sans rivages.

Poussés, comme les Argonautes, par le désir de conquérir des richesses nouvelles, et par l'heureuse tendance qui nous porte vers les peuples et les pays inconnus, les Phéniciens envoyèrent bientôt leurs navires jusqu'en Bretagne, sur l'orageuse Atlantique. Habitués au doux ciel, aux splendeurs, à l'azur de la Méditerranée, ces hardis commerçants ne reculèrent pas devant les sombres aspects, l'âpre climat et les lourdes tempêtes de la mer du Nord. Ils furent suivis par de nombreux explorateurs dont nous citerons les plus célèbres. Colœus de Samos, Hannon, Himilcon, Pythéas, Néarque, tracèrent de nouvelles routes à la navigation et lui donnèrent une puissante impulsion. Ils rendirent en même-temps les plus grands services à la géographie, et, réunissant par leur science et par leur courage les contrées que la mer avait séparées, « ils ouvrirent le monde à la connaissance du genre humain. »

Au nombre des découvertes qui résultèrent du progrès de la navigation, se placent deux notions importantes, qui exercèrent sans doute la plus favorable influence sur les esprits, en montrant pour la première fois, au milieu de l'apparent désordre de la nature, une loi de succession périodique, une action régulière et continue des forces qui jusqu'alors avaient paru soumises aux caprices des divinités dont un ingénieux symbolisme avait peuplé la terre.

Tandis que sur les rivages de la Méditerranée on n'avait vu la mer se mettre en mouvement que sous l'impulsion variable des vents, on put contempler dans l'Océan le majestueux spectacle des marées, l'action puissante d'une force inconnue qui, chaque jour, entraînait la masse des eaux dans une direction constante, et qui, chaque jour prévue, donnait aux navigateurs une indication sûre, soit pour profiter des courants déterminés par le flux et le reflux des eaux, soit pour atteindre, au moment de leur élévation, les points de la côte qui leur offraient un abri.

La découverte des moussons, par Hippale, la régularité de ces vents périodiques qui soufflent sur l'Océan entre l'Afrique et l'Inde, changeant tous les six mois de direction, donna bientôt aux marins la même certitude d'une loi invariable de la nature, d'une force contenue dans certaines limites, mais ne cessant pas d'exercer son action, comme les forces analogues qui produisaient les marées.

A l'idée première de la domination des forces terribles dont l'apparition était toujours marquée par des bouleversements ou des désastres, dut alors se substituer l'idée de forces nouvelles, calmes et bienfaisantes, plus puissantes dans leur action soutenue que les forces passagères de la tempête. Une telle révélation fut sans doute liée au progrès des croyances religieuses. Déjà Pythagore avait pressenti la Loi, le nombre, l'harmonie, dans le radieux aspect des nuits étoilées. Sur la terre même, de frappants indices venaient confirmer sa croyance, et montrer l'intelligence suprême, non plus dans les sinistres lueurs de l'orage, dans l'horreur des bouleversements, mais dans la grandeur, l'ordre et la beauté des phénomènes.

IV

CAPS DES TEMPÈTES

Nous devons à la découverte mystérieuse qui dirige l'aiguille aimantée vers le pôle, à l'invention de la boussole, l'immense progrès de la navigation depuis le XIIIe siècle. Nous verrons plus loin les nouveaux services que le magnétisme tellurique est appelé à nous rendre par ses relations avec les phénomènes météorologiques. La conquête de l'Océan sera due à ces conquêtes de l'intelligence. Mais la gloire en revient surtout aux cœurs vaillants dont l'énergique persévérance ne recula pas devant des périls sans cesse renaissants, pour ouvrir de nouvelles routes au commerce, pour rapprocher les nations et préparer leur future alliance.

Nous n'avons pas à résumer ici la série d'auda-

cieuses entreprises qui ouvrirent la voie à Colomb,
et qui suivirent sa découverte. Nous n'accompa-
gnerons pas ce grand navigateur dans son heureux
voyage vers le nouveau monde. Favorisé par les
brises et les courants, avançant rapidement vers le
but entrevu, sous le beau ciel des régions équatoriales (3), il semblait alors conduit par un destin
propice, qui entourait de splendeurs sereines l'ac-
complissement des généreux desseins d'une âme
héroïque.

Telles ne furent pas les premières tentatives des
marins normands et portugais qui s'aventurèrent
dans l'Atlantique, sur les côtes de l'Afrique occidentale. Pendant assez longtemps le cap *Nun* (4),
qui avait été le terme des navigateurs anciens, ne
fut pas dépassé. La constance du vent d'ouest dans
ces parages était un obstacle pour des bâtiments dé-
pourvus encore des moyens de prendre le large
avec sécurité. Un trafiquant vénitien qui, vers 1400,
fut jeté par des vents contraires dans les attérages
des Canaries, en parle comme de lieux inconnus
et effrayants (*luoghi incogniti e spaventosi a tutti i
marinari*).

Les hardis marins normands qui, suivant les vieilles chroniques irlandaises, avaient, dès le ixe siècle, exploré la mer du Nord, et s'étaient d'ailleurs habitués, dans leurs grandes pêches, à tous les dangers de la navigation, furent probablement les premiers qui osèrent doubler le cap Bojador, au delà duquel ils trouvèrent la mer navigable et la côte accessible. Les énormes profits que donnaient ces voyages, par l'échange d'objets sans valeur avec l'or et l'ivoire, poussèrent aussi les Portugais à tracer leur route comme Colomb, sur l'immensité de l'Océan, sans autre guide que l'aiguille aimantée, à braver les tempêtes loin de tout abri, à tenter la découverte et la conquête de nouvelles régions, en naviguant résolûment hors de vue des terres.

Lorsque Gilianez, envoyé par le prince Henri, parvint, en 1432, au delà du terrible cap Bojador, son action fut célébrée comme un miracle d'audace. On voyait déjà sans doute, au delà des échanges et des gains du commerce, le résultat lointain de ces expéditions, et à chacun des nouveaux explorateurs on eût dit volontiers ce qu'un ancien chroniqueur disait de Jean de Bétancourt, après sa conquête des Canaries, que, par lui, « le monde, en ces derniers temps, a esté remply de la veue et de la cognoissance de soy-mesme. »

Bientôt (1442) Antonio Gonzalez atteignit le
cap Blanc, et Denis Fernandez le cap Vert (1447).
Peu après (1449), Velez Cabral découvrait les
Açores. Une légende du temps rapporte qu'on
trouva dans une de ces iles, à Cuervo, une statue
équestre, couverte d'un manteau, la tête nue, qui
de la main gauche tenait la bride du cheval et qui
montrait l'occident de la main droite. Il parut
clairement, dit la légende, que le signe de la main
regardait l'Amérique.

A la mort du prince Henri (1463), dont le
grand savoir et le ferme caractère avaient eu
une si grande influence sur ces progrès de la navigation, les explorations s'étendaient jusqu'à Sierra-Leone.

Un aventurier vénitien, Cadamosto, attaché au
service du Portugal, avait découvert les îles du
Cap-Vert. Aidés par les courants qui règnent dans
les parages de ce cap, les Portugais s'avancèrent
vers le sud, et connurent en peu d'années tout le
littoral et les îles du golfe de Guinée.

Leurs conquêtes n'avaient pas été interrompue
par la mort du prince Henri. Son frère, don Pedro,

qui tenait la régence pour Alphonse V, était aussi versé dans les sciences et d'une grande élévation d'esprit. Des présents magnifiques qu'avait voulu lui offrir la Seigneurie de Venise, au retour d'une expédition contre les Musulmans, il n'avait accepté qu'un livre, le *Voyage de Marco-Polo*. Il ne put cependant favoriser comme il l'aurait voulu, à cause des querelles d'Alphonse V avec la cour de Castille, la continuation des voyages de découvertes le long des côtes d'Afrique, et pendant dix-huit ans (1463-1481), les progrès vers le sud n'allèrent pas au delà du cap Sainte-Catherine, vers la frontière du Congo.

L'avénement de Jean II, qui connaissait par expérience les bénéfices du commerce avec la Guinée, dont il tirait la majeure partie de ses revenus tandis qu'il était infant, donna une nouvelle impulsion aux expéditions maritimes. Il s'attacha un géographe expérimenté, Martin Behaim, de Nuremberg, qui avait accompagné dans leurs courses les plus vaillants explorateurs. Il l'adjoignit aux savants qui furent chargés d'améliorer le système de navigation et qui recommandèrent l'usage de l'astrolabe, au moyen de laquelle on connaissait la position du bâtiment en latitude, tandis que la boussole indiquait la route.

En 1486, trois vaisseaux furent équipés pour aller, sous la conduite d'un chevalier de la maison royale, Bartholomé Diaz, à la recherche des États du Prêtre Jean (5), le mystérieux monarque chrétien de l'orient, qu'on avait cru reconnaître dans les récits de l'ambassadeur du roi de Bénin, amené en Portugal par Alfonso de Aviero. Ces récits disaient qu'un prince puissant, Ogané, régnait sur un vaste empire situé à vingt lunes (environ deux cent cinquante lieues), dans l'est du Bénin, dont les rois recevaient de lui, en signe d'investiture, une croix de cuivre de la forme des croix de Saint-Jean de Jérusalem.

Après avoir été à cent vingt lieues au delà du point le plus éloigné reconnu dans les expéditions précédentes, Diaz se dirigea hardiment vers le sud, par la pleine mer. En avançant, il vit s'affaiblir l'ardente chaleur du golfe de Guinée, et ce changement de climat effraya ses équipages, qui reculaient devant les dangers d'une si téméraire entreprise. Une tempête jeta les trois bâtiments vers l'est, et celui que commandait le frère de Diaz disparut. Les

matelots voulaient rebrousser chemin ; mais encou-
ragés par leur chef et par son digne compagnon,
Pero Infante, ils persistèrent. On continua la route
à l'est, au milieu de fréquentes bourrasques. De
temps à autre on débarquait, et des nègres, vêtus
d'habits magnifiques, s'avançaient dans le pays
pour s'informer du Prêtre Jean. L'expédition atteignit ainsi l'embouchure d'une rivière qui fut appelée *Rio del Infante*, aujourd'hui la grande rivière
des Poissons *(great fish river)*. Diaz s'y arrêta sans
savoir qu'il avait depuis longtemps dépassé le but
de ses recherches, le cap qui terminait l'Afrique au
sud-ouest. Ce n'est qu'au retour, pendant une affreuse tourmente, qu'apparut enfin ce grand cap
inconnu, appelé d'abord par Diaz cap des Tempêtes *(cabo tormentoso)*, mais que le roi Jean, mieux
inspiré, voulut nommer le cap de Bonne-Espérance.

Peu après on retrouva le petit bâtiment qui avait
disparu et qui portait les approvisionnements.

Après sa glorieuse découverte, Diaz servit encore
sous les ordres de Vasco de Gama et de Cabral. Il
revenait avec ce dernier de la conquête du Brésil,
lorsque son bâtiment fut englouti au milieu d'un

ouragan qui l'assaillit dans les parages mêmes du
cap qu'il avait le premier reconnu. Il eut ainsi
pour tombeau cette mer orageuse dont il avait af-
fronté les dangers pour ouvrir à l'Europe les portes
de l'Asie, gardées, suivant la poétique fiction de
Camoens, par le génie des Tempêtes.

Dix ans après la découverte du cap de Bonne-
Espérance, le roi Emmanuel, successeur de Jean II,
éclairé par les indications géographiques que lui
donnait un célèbre voyageur portugais, Pedro de
Covilham, qui, après avoir visité l'Inde et les côtes
orientales de l'Afrique, était allé s'établir en Abyssi-
nie, résolut d'envoyer une seconde expédition pour
tenter encore le passage du Cap, et pour s'ouvrir,
par mer, une nouvelle route vers les Indes.

On venait de voir arriver à Lisbonne (1493),
Christophe Colomb qui, quelques années auparavant, avait vainement offert ses services au roi de
Portugal. Emmanuel, inquiet des suites de la
grande découverte des Indes occidentales, qui pouvait amoindrir les futures conquêtes de sa couronne,
ne voulut pas retarder plus longtemps le départ de
l'expédition. Il en confia le commandement à un
gentilhomme de la cour, Vasco de Gama, excel-

2.

lent marin, d'un courage éprouvé, qui mit à la
voile le 2 juillet 1497, avec trois vaisseaux montés
par cent soixante hommes. La petite flotte souffrit
beaucoup du mauvais temps, mais elle put doubler
le Cap sans être repoussée par les vents terribles
et les courants impétueux qui avaient arrêté Bar-
thélemy Diaz au rocher de la Cruz. A partir de ce
point, un grand vent permit à Vasco de Gama de
refouler le courant, et bientôt, dirigeant sa route
vers le nord, il put entrer enfin dans la mer des
Indes (1498).

On raconte que la mer s'étant soudainement
soulevée autour de son vaisseau, pendant une belle
soirée de calme, il devina la cause de ce bouleversement subit, et s'écria, pour rassurer son équipage terrifié : « La terre et la mer des Indes
tremblent devant nous... Compagnons, saluons ce
signe de victoire ! »

Nous nous sommes arrêtés sur la découverte du
cap de Bonne-Espérance, à cause de son immense
importance. Par cette route nouvelle deux mondes
allaient s'unir. D'abord, dans les luttes meurtrières
d'une conquête dont le principal but était l'acqui-
sition à tout prix, par la violence autant que par

l'échange, des riches produits de l'Orient ; puis
bientôt, dans les premières lueurs de la plus féconde alliance, dans l'identité des croyances religieuses, dans la reconnaissance de l'unité spirituelle que la France, par un de ses plus généreux
enfants, Anquetil Duperron (6), devait la première
proclamer. C'est à la France aussi que devait un
jour revenir la gloire de cimenter cette grande alliance de l'Orient et de l'Occident par une entreprise digne de son génie, le percement de l'isthme
de Suez.

Et s'il nous est permis d'exprimer ici un vœu,
nous voudrions que, sur le canal qui s'achève, un
égal hommage fût rendu aux grands hommes qui,
par l'héroïsme du cœur, par l'énergie de l'intelligence, ont ouvert aux nations les routes où, après
s'être rencontrées dans la guerre, elles s'uniront
dans la paix, et que le voyageur, en traversant
l'isthme qui sépare les deux mondes, pût saluer la
statue de Vasco de Gama à côté de celles de Bar-
thélemy Diaz et d'Anquetil Duperron.

———

Après la découverte du cap de Bonne-Espérance,
celle du détroit de Magellan eut la plus grande in-

fluence sur les progrès de la géographie, si étroite-
ment liés alors au progrès des idées qui transfor-
maient l'ancien monde, en substituant aux rêves
de l'imagination, aux tristes croyances d'une
sombre époque, les certitudes de l'expérience, la
confiance en l'intelligence suprême dont les plans
commençaient à se dévoiler.

Les dangers que présentait à Magellan le passage d'un détroit semé d'écueils, où des vents orageux et variables, de violentes rafales et des courants rapides s'opposent à la navigation, n'étaient
pas moindres que ceux bravés par les Portugais
devant le cap des Tempêtes. Il les surmonta avec le
même courage, avec la même patiente énergie. En-
tré dans le détroit le 21 octobre 1520, il en sortit
le 28 novembre pour faire voile dans la mer du Sud.
Arrivé aux Philippines, près de quatre mois plus
tard, il donna au vaste Océan, qu'il venait de traverser, sous un ciel presque toujours serein, le nom de
Pacifique, frappé sans doute, comme l'avait été
Colomb, de la beauté, de la lumière et de la paix
des régions où le souffle toujours égal des alizés
favorisait son aventureux voyage. Après la mort
de Magellan, l'expédition continua sa route vers

les Moluques, où elle arriva bientôt, ainsi qu'il l'avait annoncé en quittant l'Espagne.

La flotille était réduite à deux bâtiments. Le premier, qui avait été monté par l'amiral, voulut essayer de revenir vers l'Amérique par l'océan Pacifique. Il fut obligé, par suite des vents contraires et de son état de délabrement, de revenir aux Moluques, où son équipage fut fait prisonnier par les Portugais. Le second, nommé *la Victoire*, et commandé par un des plus vaillants compagnons de Magellan, le pilote basque Sébastien del Cano, fit route vers l'ouest et parvint à doubler le cap de Bonne-Espérance. Il arriva à San-Lucar, le 6 septembre 1522, après trois ans de voyage.

Ainsi disparurent tous les doutes qui s'élevaient encore sur la forme de la terre, et Charles-Quint, au-dessous du globe qu'il donnait pour armes à Sébastien del Cano, fit inscrire cette glorieuse devise :

Primus me circumdedisti.

Près d'un siècle plus tard (1615), un marchand hollandais, Jacques Le Maire, conduit par Cornelis Schouten, marin expérimenté, qui avait fait plusieurs fois le voyage des Indes Orientales, dé-

couvrit, au sud du détroit de Magellan, une nouvelle route vers l'océan Pacifique, et doubla, le
premier, le cap Horn, après avoir lutté pendant
plusieurs jours, au milieu d'épais brouillards,
contre une mer énorme, sans cesse soulevée par
des bourrasques mêlées de grêle et de neige.

L'aspect menaçant du ciel et des côtes rocheuses
de cette région désolée, la rigueur du climat, les
phénomènes météorologiques particuliers dont les
grands caps sont le siége, la persistance et la violence du vent d'ouest, accompagné de furieuses
rafales, firent préférer pendant longtemps les dangers du détroit de Magellan à ceux du détroit de
Le Maire et de la pleine mer. Mais en descendant
vers le sud, et ne craignant pas de pénétrer dans
cette mer périlleuse, au milieu des froides brumes,
jusqu'à la rencontre des glaces qui descendent du
pôle, les navigateurs trouvèrent des courants moins
forts, des vents moins orageux, une mer moins
tourmentée, un ciel moins sombre, et purent lutter
contre les tempêtes de ces passages redoutés.

La découverte du passage aux Indes par les deux
grands caps de l'Océan austral fut vraiment la conquête du monde. Colomb avait montré la route et

entraîné les esprits dans la région brillante des lointaines explorations. L'impulsion que son génie donna aux idées fut surtout favorable au progrès des sciences, malgré la part immense faite à l'intérêt commercial. D'un côté, les sciences historiques allaient être bientôt renouvelées par l'étude des traditions du monde oriental; de l'autre, les sciences physiques et géographiques établissaient solidement leur base sur la certitude de la sphéricité de la terre. Ce n'est pas vainement que Diaz, aux portes de l'Inde, cherchait l'empire fantastique du Prêtre Jean. La Providence, par les prédications du Bouddha, avait depuis longtemps répandu dans l'Orient les enseignements de l'Évangile (7), et les deux peuples, sous des symboles différents, adoraient les mêmes vertus divines, et, par la beauté des croyances, appartenaient à la même communion.

En faisant le tour du globe, Sébastien del Cano donna une forme précise à la vague notion de l'humanité. Assuré de sa route, le navigateur put désormais parcourir le vaste monde qui lui était ouvert, avec la certitude d'y trouver partout des semblables, de mœurs diverses, mais au fond ani-

més par les mêmes passions et par les mêmes sentiments.

Un âge nouveau commençait, l'âge de la science,
l'âge viril des sociétés les plus éclairées, où partout déjà les pressentiments de l'avenir agitaient
les grandes âmes. Aussi ne doit-on pas s'étonner
des légendes qui s'attachèrent aux caps lointains
dont les cimes orageuses marquaient la limite des
trois océans. On disait qu'au milieu de leurs tempêtes une sorte de rugissement répandait la terreur
dans les cœurs les plus intrépides. Des flammes
brillantes avaient couronné pendant plusieurs jours
la montagne de la Table. Au cap Horn, des feux
volcaniques sillonnaient les âpres rochers couverts
de neige, derniers sommets de la chaîne des Andes.
Des météores traversaient la sombre nuit. Il semblait que par ces signes on voulût faire répondre,
aux héroïques efforts de l'homme, les tressaillements de la nature, et qu'on entendît sa grande
voix, qui jadis, aux mers de Grèce, avait annoncé
la mort des dieux et la chute de l'ancien monde,
présager maintenant le règne de l'homme, les
victoires de la science, la majestueuse unité de
l'avenir.

V

ORAGES

Une antique fable, qu'on retrouve dans la mythologie des Grecs et des Latins, représente Indra,
le Jéhovah des patriarches aryens, poursuivant le
Dieu dévorant, desséchant, « qui flétrit l'herbe des
pâturages, » et faisant jaillir la pluie à grands flots
au milieu des éclats du tonnerre : « Je chanterai la
victoire d'Indra, celle que hier a remporté l'archer ;
il a frappé Ahin, il a partagé les ondes, il a frappé
la première des nuées *. »

Dans une récente et remarquable étude de mythologie comparée **, l'explication de ce mythe est
ainsi donnée :

« La lutte des deux adversaires aux prises dans
le ciel est l'orage, plus soudain, plus terrible dans

---

* Rig-Veda. E. Quinet. *Génie de Religions.*
** *Hercule et Cacus,* par Michel Bréal.

3

les climats chauds que dans nos contrées. Les
nues lumineuses qui contiennent la pluie, ce sont
les vaches couleur de pourpre qu'un noir démon
veut enlever; la fécondité de la terre dépend de
l'issue de la lutte. Les nuages se mettent en marche, ils s'éloignent, ils se couvrent d'ombre, ils
semblent enfermés dans l'obscurité : on entend
leurs sourds gémissements. L'affreux serpent dont
l'haleine dessèche le monde les a enveloppés et
attirés dans son antre. C'est alors que le dieu du
jour, protecteur des hommes, bienfaiteur de la
tribu, engage le combat, tantôt seul contre le terrible adversaire, tantôt escorté de la troupe hur-
lante des Marutes (les vents), tantôt suivi de tous
les dieux. On entend les coups de la massue divine qui tombent sur la caverne, l'entrouvrent,
et en font jaillir des flammes. Le triple dard du
serpent brille dans les ténèbres. Bientôt le nuage
se déforme, il est mutilé en mille endroits, il disparaît à la vue; en même temps, les eaux qu'il
retenait captives se précipitent avec fracas sur la
terre, et Indra, c'est-à-dire le ciel bleu, triomphant
de son ennemi, se montre dans sa splendeur. »

C'est ainsi que devant les redoutables tourmentes des Alpes indiennes, le culte primitif rendait hommage au dieu de la lumière, un instant voilé par les nuées orageuses, mais qui reparaissait bientôt dans la sérénité du ciel, dans la fécondité, dans la beauté de la terre, rafraîchie et vivifiée.

La description que nous avons maintenant à faire des phénomènes désastreux que notre titre résume doit aussi voiler momentanément la lumière divine, et favoriser la triste croyance qui donnait la domination sur les vents et les météores aux esprits du mal, au « Prince de l'air, » aux ténébreuses puissances dont Typhon avait été la première personnification. Si les progrès de la raison et l'élévation du sentiment religieux n'ont pas encore suffi pour détruire entièrement cette antique interprétation des menaçantes perturbations que nous avons à combattre, nous devons espérer que les progrès de la science donneront à tous une idée plus juste et plus haute des forces mystérieuses dont la bienfaisante action ne cesse pas d'être apparente, même au milieu des plus terribles conflits. Loin de chercher à dissimuler les sinistres que ces conflits entraînent, nous emprunterons aux récits authentiques des témoins, la description des tempêtes qui ont causé le plus de ravages, afin qu'on puisse mieux juger par la grandeur du mal de la grandeur de l'effort qui sera nécessaire pour le détruire, le prévenir, ou du moins en amoindrir l'étendue.

Mais cet effort est si évidemment dans le sens de notre destinée, il nous est si visiblement commandé par les vives aspirations de notre époque vers le bien-être moral et matériel, que nous ne pouvons douter de sa puissance, et des nouvelles conquêtes qui s'offrent à notre intelligente activité.

Dans la seconde partie de notre essai nous avons résumé les tentatives partielles faites chez les nations les plus éclairées pour arriver au but que nous indiquons. Les résultats obtenus prouvent qu'il suffit de s'unir pour avoir la certitude du succès. Cette union, commencée sous de favorables auspices, embrassera certainement le globe entier dans un avenir prochain, que nous ne devons pas perdre de vue au milieu des bouleversements et des dévastations dont notre planète est encore le théâtre.

Les hautes régions de l'atmosphère sont un immense réservoir d'électricité qui s'écoule vers le sol, tantôt silencieusement, tantôt au milieu des éclats de la foudre. Le premier mode de communication se manifeste surtout en hiver. En été, quand l'air est sec, il n'est plus conducteur du fluide qui se concentre alors dans les nuages. L'équilibre des forces électriques du globe et de l'atmosphère est rompu et ne se rétablit que par les conflagrations de l'orage.

Ce phénomène a son siége principal au centre de la zone torride, dans la région de calme qui sépare les alizés, et où ces vents apportent la vapeur d'eau dont ils se sont saturés pendant leur long trajet sur l'océan. Une épaisse voûte de nuages se forme ainsi autour du globe ; elle est désignée par les navigateurs anglais et américains sous le nom de *Cloud-ring* (anneau de nuages). C'est un lieu de pluies continuelles et d'incessantes décharges électriques. En y pénétrant on ne trouve plus l'air vivifiant qu'apportaient les brises régulières. Un invincible sentiment de lassitude, qui dégénère quelquefois en maladies, accable les marins ; l'atmosphère est tiède et pesante, le ciel constamment orageux. D'après M. Boussingault, un observateur placé à l'équateur, s'il était doué d'organes assez sensibles, entendrait continuellement le bruit du tonnerre.

Le commandant Maury, dont nous avons résumé les savantes études et les utiles travaux dans nos précédentes publications *, fait cependant ressortir le rôle bienfaisant que remplit cet anneau formé par les nuages équatoriaux. Il le montre interposé comme un écran entre la surface terrestre et le soleil, pour la protéger contre la sécheresse en se transportant alternativement sous les divers parallèles qui comprennent la zone des calmes de l'équateur, et en y ramenant la pluie à des époques déterminées.

« Si cet anneau de nuages, dit Maury, était lumineux, il présenterait à un observateur placé dans une de nos planètes, une apparence assez semblable à celle que nous offre l'anneau de Saturne. Seulement sa surface extérieure semblerait extrêmement inégale, rugueuse et dentelée.

---

* Les *Phénomènes de la mer et de l'atmosphère*, 2ᵉ édition: *Bibliothèque utile*, Pagnerre, 1863.

Les rayons du soleil, agissant tantôt sur une montagne de nuages, tantôt sur une autre, les fondent, les absorbent, créent une dépression là où se trouvait une élévation, et entretiennent toute cette surface dans un état incessant de changements et de modifications, auquel vient encore contribuer la rencontre des courants d'air chaud venant de la terre avec les courants d'air froid descendant des régions supérieures.

» Qu'une décharge électrique vienne à se manifester sur cette face de l'anneau : le son se répercutera de montagne en montagne, de vallée en vallée, jusqu'à ce que le dernier écho meure dans l'éloignement. Combien de fois le marin n'a-t-il pas entendu ainsi le tonnerre gronder au-dessus des nuages avec un retentissement analogue de tout point dans ses effets aux éclats de la foudre dans les régions montagneuses de notre globe.

» De là nous pourrions conclure que les nuages, qui s'opposent au passage de la lumière et de la chaleur à travers l'atmosphère, interceptent également le son et le renvoient en échos successifs absolument comme pourraient le faire les montagnes et les vallées qui sont à la surface de la terre. Ce sont, du reste, des études semblables qui rappellent à l'esprit l'importance constante des observations du marin; nul fait n'est à dédaigner dans le monde physique, et c'est en notant soigneusement la nature des coups de tonnerre, s'ils sont perçants, s'ils ont un caractère de grondement ou de roulement, si les éclairs sont droits ou bifurqués, etc., que l'on arrivera à jeter du jour sur l'espèce et la forme des nuages, selon la latitude et la saison. Les faits physiques constituent le langage de la nature, et, dans ce langage, il n'est pas un mot qui ne mérite une étude consciencieuse de notre part. »

Aux limites polaires des vents alizés on trouve deux autres zones de calmes et de fréquents orages. Ce sont les parages nommés par les Anglais *latitudes des chevaux (horse latitudes)* parce que les bâtiments anciennement employés à la navigation entre la Nouvelle-Angleterre et les Indes occidentales étaient fréquemment retardés dans ces parages de calmes, et obligés de jeter à la mer, faute d'eau, les chevaux qui encombraient leurs ponts. Nos marins ont compris toutes ces régions sous le nom simple, mais significatif, de *pot au noir.*

M. de Humboldt cite comme une remarquable exception dans le zone tropicale, la côte du Pérou, où l'on n'entend presque jamais le tonnerre. Les hautes latitudes contrastent avec les régions équatoriales, les orages y étant extrêmement rares. Les navigateurs n'en ont jamais observé au delà du parallèle de 75° où, selon toute apparence, l'équilibre se rétablit par le phénomène des aurores polaires. A Nertschink, en Sibérie, la moyenne du nombre des orages dans une année est de deux, tandis qu'elle est de soixante à Calcutta. Entre ces deux termes extrêmes leur distribution géographique varie et dépend des circonstances locales. Ainsi, il en éclate trois fois plus à Rome qu'à Paris, quarante-trois sur quatorze.

A l'observatoire d'Utrecht, sous la savante direction de M. Buys-Ballot, un officier distingué de la marine hollandaise, le lieutenant Andrau, vient de terminer des cartes où, par des teintes plus ou moins foncées, la répartition des orages est indiquée pour toutes les mers du globe, d'après un très-grand nombre d'observations. Des cartes semblables sont relatives aux tempêtes, aux pluies, à la fréquence ou à l'absence des brouillards. Il est

3.

intéressant de les comparer aux documents analogues du commandant Maury, surtout à ses cartes
thermales et à ses cartes des courants océaniques.
On remarque aussitôt que, partout où les courants
chauds pénètrent au milieu des régions froides, le
nombre des orages augmente dans une très-forte
proportion.

Les tremblements de terre et les éruptions volcaniques paraissent être aussi en rapport avec l'é-
tat de l'atmosphère. De nombreuses coïncidences,
entre ces phénomènes et les temps orageux qui les
précèdent, les accompagnent ou les suivent, ont
été signalées par les observateurs.

Dans nos régions tempérées, de grands orages
parcourent quelquefois une très-vaste étendue.
Nous verrons plus loin qu'un groupe de nuages
orageux, formant un banc de six lieues de large
sur deux cents lieues de long, partit des Pyrénées
et traversa l'Europe jusqu'à la Baltique. Le savant
météorologiste Kæmtz assista, pendant une ascension au Faulhorn, à un orage stationnaire qui
couvrait presque toute la Suisse. C'était un spectacle magnifique : les éclairs partaient de cinq
points différents situés dans le pays de Vaud, au

Simmenthal, dans le voisinage de Berne, de Schwitz et près du mont Pilate.

Plusieurs observations lui prouvèrent que ces divers courants électriques agissaient et réagis-saient les uns sur les autres : un éclair partait d'a-bord du pays de Vaud, entre deux couches de nua-ges ; immédiatement après, souvent en même temps, on voyait dans le voisinage du Rinderhorn un éclair dirigé de haut en bas. Quelques instants plus tard, les lueurs brillaient au-dessus de Berne ; un éclair leur répondait dans la direction de Lu-cerne, puis dans celle de Schwitz. Il paraissait évi-dent que le premier éclair parti du pays de Vaud troublait l'équilibre de tout le système *.

Dans le midi de la France, on a quelquefois, après les longues sécheresses, de formidables ora-ges, en automne et au commencement de l'hiver. Le port de Toulon est placé au point extrême du pays montagneux que forment les dernières chaines des Alpes maritimes, et qui sépare les deux golfes de Gênes et de Lyon. En été, le soleil transforme

---

* *Cours complet de météorologie*, de L. F. Kæmtz, traduit et annoté par Ch. Martins. Paris, 1843.

les montagnes calcaires, presque entièrement dé-
boisées, en véritables fournaises, dont les courants
ascendants dissolvent les nuages. Depuis quelques
années, les pluies cessent vers la fin d'avril pour
ne reprendre qu'au commencement d'octobre, et
n'ont même pas alors l'abondance désirable pour
renouveler les sources. L'excès dans un sens appelle un excès dans l'autre, et, en 1862, les prédictions de M. Mathieu (de la Drôme) vinrent répondre à l'attente où l'on se trouvait d'une saison
d'orages et de pluies abondantes. Ces prédictions
annonçaient un mauvais temps exceptionnel pour
le sud-est de la France et le nord de l'Italie. Vers
l'époque désignée, à la mi-octobre, un véritable
météore passa en effet sur cette région. Les rivières
débordèrent et la foudre causa de grands ravages.
Dans un seul orage, elle tomba quinze fois sur Toulon et sa banlieue, et sans doute plus fréquemment encore sur la surface de la mer. Le bruit du
tonnerre était d'une effrayante intensité, et ses
roulements se prolongeaient sans cesse répétés par
les échos des montagnes. En même temps la mer,
poussée par un violent vent du large et soulevée à
une hauteur extraordinaire, abattait les falaises et

jetait à la côte plusieurs bâtiments surpris par la
tempête, qui sévit surtout pendant la nuit.

———

Les orages sont souvent accompagnés de grêle :
les nuages qui la portent, très-étendus et qui semblent avoir beaucoup de profondeur, sont généralement de couleur grise ou roussâtre avec une
apparence particulière ; ils répandent beaucoup
d'obscurité. Le bruit, souvent très-fort, qui précède
la chute de la grêle, est dû, suivant Peltier, à un
échange électrique entre les nuages opposés, par
l'intermédiaire de cette multitude de petits corps
donnant lieu à une série de décharges plus ou
moins puissantes, dont chacune est accompagnée
de l'éclat sonore spécial à ce phénomène.

La grêle paraît se former au point de rencontre
d'un nuage orageux et d'un courant d'air froid.
MM. Bixio et Barral, dans une de leurs ascensions
aérostatiques, le 26 juillet 1850, ont trouvé, à la
hauteur de 7,049 mètres, un espace où le thermomètre est descendu à près de 40 degrés au-dessous
de zéro.

Arago a donné, d'après le journal des observateurs, une relation de ce voyage, qu'il termine ainsi : « La constatation de la présence d'un nuage composé de petits glaçons, ayant une température de 40 degrés en plein été, à une hauteur de 6 à 7.000 mètres au-dessus du sol de l'Europe, est la plus grande découverte que la météorologie ait enregistrée depuis longtemps. Cette découverte explique comment de petits glaçons peuvent devenir le noyau de grêlons d'un volume considérable, car on comprend comment ils peuvent condenser autour d'eux et amener à l'état solide les vapeurs aqueuses contenues dans les couches atmosphériques dans lesquelles ils voyagent; elle démontre la vérité de l'hypothèse de Mariotte, qui attribuait à ces cristaux de glace suspendus dans l'air les halos, les parhélies et les parasélènes; enfin, l'étendue considérable d'un nuage très-froid rend très-bien compte des changements subits de température qui nous surprennent si souvent dans nos climats »

On comprend ainsi la chute des volumineux glaçons qui ont causé de si grands ravages. Pendant l'orage épouvantable qui traversa la France et les Pays-Bas, le 13 juillet 1788, on ramassa des

grêlons pesant un quart de kilogramme. Cet orage,
qui commença le matin dans le midi de la France,
atteignit la Hollande vers deux heures de l'après-
midi. Il se propageait simultanément, avec une
vitesse moyenne de seize lieues à l'heure, sur deux
bandes à peu près parallèles, dont la largeur variable
était de deux à cinq lieues. Sur toute cette longueur,
la grêle ne tomba, en chaque lieu, que pendant
sept à huit minutes, mais avec une telle force que
le dommage éprouvé par les mille trente-neuf pa-
roisses dévastées, en France seulement, fut évalué
à 24,690,000 fr. Cet effrayant orage était précédé
par un grand obscurcissement de la lumière du
jour. Ses ravages s'étendirent depuis les Pyrénées,
où il avait pris naissance, jusque dans la Baltique,
où l'on perdit sa trace.

Les divers corps enlevés par des tourbillons à la
surface du sol peuvent former, dans certaines circonstances, le noyau des grêlons, ainsi que le
prouve l'observation suivante de M. Espy * : Le
1er juin 1808, on ressentit, dans l'est de l'Etat de

---

* On doit à cet éminent physicien américain de remarquables
travaux sur les causes et les effets des orages, résumés dans
sa *Philosophie des tempêtes*, Boston et Londres, 1841.

Tennessee, un ouragan remarquable par sa violence et son étendue. Il avait pris naissance près
de la ville de Kingstown et s'étendit jusqu'à la
Caroline du Nord, ravageant tout sur son passage.
Dans la partie septentrionale de son trajet, il tomba
beaucoup de grêle, et en même temps des feuilles
vertes et des branches recouvertes d'une couche
épaisse de glace. Tous ces corps, soulevés par le vent,
étaient devenus les noyaux d'autant de grêlons. »

Des circonstances extraordinaires déterminent
parfois les phénomènes de l'orage. M. Pouillet [*]
cite la relation suivante, insérée dans le *Journal de
physique*, par M. Sementini :

« Le 14 mars 1813, par un vent d'est qui
soufflait depuis deux jours, les habitants de Gérace
aperçurent une nuée dense s'avançant de la mer
sur le continent. A deux heures après-midi, le vent
se calma ; mais la nuée couvrait déjà les montagnes voisines et commençait à intercepter la lumière du soleil ; sa couleur, d'abord d'un rouge
pâle, devint ensuite d'un rouge de feu. La ville fut

---

[*] *Éléments de physique expérimentale et de météorologie*, par
M. Pouillet, membre de l'Institut, sixième édition ; Paris, 1853.

alors plongée dans des ténèbres si épaisses, que,
vers les quatre heures, on fut obligé d'allumer des
chandelles dans l'intérieur des maisons. Le peuple,
effrayé et par l'obscurité et par la couleur de la
nuée, courut en foule dans la cathédrale faire des
prières publiques. L'obscurité alla toujours en
augmentant, et tout le ciel parut de la couleur du
fer rouge ; le tonnerre commença à gronder, et la
mer, quoique éloignée de six milles de la ville,
augmentait l'épouvante par ses mugissements ;
alors commencèrent à tomber de grosses gouttes
de pluie rougeâtre, que quelques-uns regardaient
comme des gouttes de sang et d'autres comme des
gouttes de feu. Enfin, aux approches de la nuit,
l'air commença à s'éclaircir, la foudre et les éclairs
cessèrent, et le peuple rentra dans sa tranquillité
ordinaire. »

Les orages qui éclatent autour d'un volcan en
éruption ont pour cause la condensation des ar-
dentes vapeurs qui jaillissent du cratère. Les
éclairs serpentent au milieu des nuages qu'elles
forment, et les grondements du tonnerre se mêlent
aux explosions des régions souterraines.

Quand les nuages orageux sont très-bas, il n'y a souvent pas d'éclairs, mais l'électricité produite par influence sur le sol est tellement forte qu'elle apparaît sous forme d'aigrettes ou de flammes à l'extrémité de tous les points saillants. De nombreuses observations, les unes très-anciennes, les autres modernes, mettent ce fait hors de doute. César parle d'un orage pendant lequel le fer des javelots de toute une légion parut en feu. Plutarque raconte qu'au départ d'une flotte grecque deux flammes, Castor et Pollux, apparurent sur la galère de l'amiral, ce qui fut regardé comme le présage d'une heureuse expédition. Les anciens confondaient ces météores avec les étoiles filantes : « Les navigateurs, dit Sénèque, regardent comme un présage de tempête le grand nombre des étoiles filantes... Pendant les violents orages, on voit comme des étoiles apparaître sur la voile. Quelquefois ces feux volent sans se fixer. » Une seule flamme était un signe menaçant; on l'appelait *Hélène*.

« Les gens de mer, dit le fils de Christophe Colomb dans l'*Histoire de l'Amiral*, tiennent pour certain que le danger de la tempête est passé quand les feux de Saint-Elme paraissent. » Herrera rapporte que les matelots de Magellan avaient la même croyance.

Le passage suivant est emprunté aux mémoires du chevalier Forbin : « En 1696, par le travers des Baléares, la nuit devint tout à coup d'une obscurité profonde ; il y eut des éclairs et des tonnerres épouvantables. Dans la crainte d'une grande tourmente, je fis serrer toutes les voiles. Nous vîmes sur le vaisseau plus de trente feux Saint-Elme. Il y en avait un entre autres sur le haut de la girouette du grand mât qui avait plus d'un pied et demi de hauteur. J'envoyai un matelot pour *le descendre*. Quand cet homme fut en haut, il cria que ce feu faisait un bruit semblable à celui de la poudre qu'on allume après l'avoir mouillée. Je lui ordonnai d'enlever la girouette et de venir ; mais à peine l'eût-il ôtée de place, que le feu la quitta et alla se poser sur le bout du grand mât sans qu'il fût possible de l'en retirer. Il y resta assez longtemps et puis se consuma peu à peu. L'orage se termina par une pluie qui dura plusieurs heures. »

L'extrait suivant est tiré d'un rapport adressé au commandant Maury par le capitaine Griffin, com-

mandant le navire *Tarolinta*, au sujet de sa tra·
versée des États-Unis en Australie :

« Je considère comme assez curieuse pour être
citée l'apparence remarquable sous laquelle s'est
produite l'électricité atmosphérique le 20 octobre.
Je copie le journal : — N.-N.-O., petite brise et
calme; temps nuageux se changeant dans le N.-O.;
éclairs. Le baromètre baisse, lentement d'abord,
puis rapidement. A 9 heures du soir, calme; les
éclairs augmentent, tonnerre; à 10 heures, brise
de N.-O. avec grosse pluie, éclairs et tonnerre;
obscurité profonde, interrompue seulement par les
éclairs à des intervalles de quelques secondes;
après chaque éclair, l'air est rempli de cônes lumineux, courant dans toutes les directions, le long
des vergues et du gréement, et passant même à
portée de la main; feux Saint-Elme en tête des
mâts et au bout des vergues. Les éclairs précédant
les coups de tonnerre les plus forts semblaient
passer horizontalement entre les mâts et près du
pont. »

On a vu par les temps d'orage, des aigrettes lumineuses briller à la cime des montagnes, au sommet des tours, des clochers, aux extrémités des

branches d'arbres. Quelquefois aussi les gouttes de pluie, les grêlons et les flocons de neige produisent en tombant une lueur électrique. Dans une lettre à Mairan, dom Ilallai rendait ainsi compte de ce phénomène : « Le 3 juin 1731, un soir, pendant des tonnerres extraordinaires, il tomba de toutes parts comme des gouttes de métal fondu et embrasé. » — « J'ai observé deux fois, vers le soir, sans qu'il tonnât, écrivait Bergmann à la Société royale de Londres, une pluie telle qu'à son contact tout scintillait, et que la terre semblait couverte d'ondes enflammées. * »

Arago distingue trois espèces de manifestations lumineuses dans les orages : les lignes en zigzag tracées par la foudre, correspondant probablement à une spirale; les éclairs sans forme déterminée qui illuminent de grands espaces et semblent se frayer un passage à travers les nues. Enfin, l'étrange *foudre globulaire*, remarquable par sa durée, qui au lieu d'être à peine d'un millième de seconde,

* Arago, *Notice sur le tonnerre.*

persiste quelquefois jusqu'à une minute. C'est une
boule de feu qui marche assez lentement, et qu'on
voit même s'arrêter pendant plusieurs secondes
avant d'éclater et de produire tous les dégâts du
tonnerre. Bien qu'on ait recueilli de nombreuses
relations sur ce phénomène, la théorie est encore
impuissante à en rendre compte. Les circonstances
qu'on rapporte sont en opposition avec tout ce
qu'on sait de l'électricité. On a tenté de les rapprocher des expériences de M. Boutigny (d'Évreux)
sur l'état sphéroïdal des corps. Mais nous croyons
qu'il faudrait avant tout sortir des idées, souvent
très-incohérentes, qu'on professe sur l'électricité,
pour entrer dans la voie brillamment ouverte par
un savant ingénieur, M. Love *.

Les foudres globulaires ont des couleurs variables depuis le blanc jusqu'au rouge foncé. Le plus
souvent elles sont d'un jaune rougeâtre, rarement
violettes. Pendant leur marche, on observe toujours
l'absence de chaleur et le manque de contact avec
les corps environnants. Au moment où elles vont

---

* *Essai sur l'identité des agents qui produisent le son,
la chaleur, la lumière, l'électricité*, etc., par G. H. Love, ingénieur
civil. Paris, 1861.

éclater, on voit sur un point de leur périphérie une aigrette qui leur donne l'aspect d'une bombe munie de sa mèche.

Un récit de Deslandes, daté de 1718 et transmis à l'Académie, attribue la destruction complète d'une église, près de Brest, à trois globes de feu, d'un pied de diamètre chacun, qui s'étaient réunis au moment d'éclater. Pendant le même orage, vingt-quatre églises furent foudroyées dans les environs de Saint-Pol-de-Léon. D'après Chalmers, la boule fulminante qui, en pleine mer, frappa le vaisseau le *Montaguë*, le 4 novembre 1749, occasionna un bruit pareil à la décharge de plusieurs canons qui partaient à la fois, et remplit le vaisseau d'une forte odeur de soufre.

Nous avons entendu madame Espert (cité Odiot, n° 1) raconter l'exemple suivant, cité par M. J. Jamin dans son *Cours de Physique* : « Passant devant ma fenêtre, qui est très-basse, je fus étonnée de voir comme un gros ballon rouge, absolument semblable à la lune lorsqu'elle est colorée et grossie par les vapeurs. Ce ballon descendait lentement et perpendiculairement du ciel sur un arbre des terrains Beaujon. Ma première idée fut que c'était

une ascension de M. Grimm, mais la couleur du
ballon et l'heure (6 h. 30 m.) me firent penser que
je me trompais, et pendant que mon esprit cherchait à deviner ce que cela pouvait être, je vis le
feu prendre au bas de ce globe suspendu à quinze ou
vingt pieds au dessus de l'arbre. On aurait dit du
papier qui brûlait doucement avec de petites étincelles ou flammèches; puis, quand l'ouverture fut
grande comme deux ou trois fois la main, tout-à-
coup une détonation effroyable fit éclater toute
l'enveloppe et sortir de cette machine infernale une
douzaine de rayons de foudre en zigzag qui allèrent
de tous les côtés et dont l'un vint frapper une des
maisons de la cité, où il fit un trou dans le mur,
comme l'aurait fait un boulet de canon : ce trou
existe encore; enfin un reste de matière électrique
se mit à briller comme une flamme blanche, vive
et brûlante, et à tourner comme un soleil de feu
d'artifice. »

On a observé des éclairs de cinq à six lieues
d'étendue. Parfois l'orage présente une large zone
brillant d'une lumière continue et phosphorique.
Des nuages isolés peuvent aussi devenir lumineux
sans que le tonnerre se fasse entendre.

Les éclairs de chaleur sont très-souvent dus à la réverbération d'un orage placé au-dessous de l'horison. Kæmtz rapporte que, le 16 août 1832, la question relative à ce reflet avait été discutée dans le sein de la Société de physique et d'histoire naturelle de Genève. Après la séance, des éclairs de chaleur illuminèrent tout l'horizon septentrional, et, quelques jours après, on apprenait les ravages causés par de violents orages dans le pays de Bade, le Wurtemberg et la Bavière.

Toutefois, la production d'éclairs sans tonnerre, sous un ciel serein ou nuageux, est un fait incontestable, et maintes fois observé. On voit même, pendant l'orage, des éclairs non suivis de détonations.

Des coups de tonnerre peuvent, au contraire, se faire entendre, ainsi que plusieurs exemples l'attestent, sans éclair et sous un ciel sans nuages.

———

Tout le monde connaît les principaux effets de la foudre ordinaire. On a vu souvent de grandes masses transportées à plusieurs centaines de pas,

4

et surtout des pièces de métal arrachées à leurs scellements, par un effort équivalant à plusieurs milliers de kilogrammes. Un mur pesant vingt-six tonnes, après avoir été soulevé tout d'une pièce, est retombé à trois mètres de distance. Les grandes forêts sont dévastées par les orages, qu'elles attirent si souvent. Ordinairement un sillon de plusieurs centimètres de profondeur marque de la cime au pied les arbres frappés par la foudre. D'autres fois ils sont fendus et brisés, consumés par le feu, et l'incendie se propage, poussé par le vent. Les barres métalliques sont toujours fortement échauffées et quelquefois fondues ou volatilisées par le passage du fluide. Nulle comparaison entre ces effets chimiques et ceux que produisent nos batteries électriques. Les sommets des hautes montagnes montrent des traces de fusion très-sensibles. Humboldt et Beaupland ont trouvé sur la plus haute cime du volcan de Tolucca la surface des rochers vitrifiée sur une étendue de plus de deux pieds carrés ; on voyait en plusieurs endroits des trous dont l'intérieur était garni de la même croûte vitreuse.

L'amiral Fitz Roy, dans son excellent manuel de

météorologie pratique *, donne la description de quelques violents orages, dont il a été le témoin pendant ses longues campagnes, si fécondes en utiles travaux, en observations importantes pour le progrès des sciences et de la navigation. Nous traduisons les plus remarquables passages de son récit :

« Dans aucune partie du monde on ne voit peut-être plus d'explosions électriques pendant l'orage qu'aux embouchures de la Plata, ainsi que nous pûmes en juger à bord du bâtiment de l'État la *Thétis*. Les éclairs sillonnaient dans toutes les directions le ciel enflammé, semblable à une immense fournaise, et s'élevaient même de la mer. La foudre tomba plusieurs fois entre notre bâtiment et un autre navire peu distant. La voûte d'épais nuages qui s'étendait jusqu'à l'horizon était entièrement illuminée. Jamais plus grandiose spectacle ne s'était offert à nous. La pluie tombait à torrents. Aucun bâtiment ne fut atteint par la foudre, qui frappait la mer dans toutes les directions. L'orage dura trois heures, de neuf heures à minuit, avec

* *Le Livre du temps (Weather-Book)*, Londres, 1863.

la même intensité de lumière et de détonations
électriques.

» On aperçoit rarement les éclairs ascendants
dont nous venons de parler. Nous avons été aussi
témoin d'un autre cas remarquable. La frégate
le *Hind* était mouillée sur une seule ancre devant Corfou, en 1823. La journée était belle, mais
nuageuse et chaude. Tout était tranquille, quand
la secousse d'une explosion fit soudainement tressaillir chacun, en même temps qu'une odeur de
soufre se répandait dans le bâtiment. Rien ne parut avoir bougé, mais deux matelots assis contre
la chaîne de l'ancre furent jetés de côté tout en-
gourdis. Une forte odeur sulfureuse sortait des
puits de chaîne, et nous eûmes la conviction que
la foudre avait remonté de l'ancre jusqu'à bord,
en suivant le cable métallique. Nous n'en pûmes
trouver nulle trace autre que la secousse reçue par
les deux hommes renversés.

» C'est vers 1829 que les navires commencèrent
à recevoir des paratonnerres. En 1831, on regardait encore comme une singularité les conducteurs
métalliques de Snow Harris *, que nous fîmes po-

* *On Thunder Storms,* and on the means of protecting buil-

ser autour des mâts du brick le *Beagle*. Il en résulta cependant que, durant dix années consécutives passées sur toutes les mers du globe, le bâtiment, quoique frappé plusieurs fois par la foudre, ne reçut aucun dommage. »

L'indication la plus ancienne sur le rapport qui existe entre la foudre et les métaux conducteurs, est celle donnée par Ctésias dans ses *Indica* : « Il a eu, dit-il, en sa possession, deux épées en fer, présent du roi Artaxercès Mnémon et de sa mère Parysatis, qui, fichées en terre, détournaient les nuages, la grêle et les éclairs ; il en a vu l'effet lui-même en assistant à deux expériences faites devant lui par le roi. »

Suivant l'orientaliste Michaëlis, le tonnerre ne tomba pas une seule fois sur le temple de Salomon dans l'intervalle de dix siècles, quoique les orages soient très-forts et très-fréquents en Palestine. « Le temple, dit Arago, boisé intérieurement et exté-

dings and shipping against the effects of lightning, by sir W. Snow Harris, F. R. S.

ı.

rieurement, aurait certainement pris feu si la foudre était venue le frapper. Par une circonstance fortuite, il se trouvait armé de paratonnerres semblables à ceux qu'on emploie aujourd'hui. Le toit du temple, lambrissé de bois de cèdre recouvert d'une dorure épaisse, était garni d'un bout à l'autre de longues lances de métal doré. Les faces du monument étaient revêtues, dans toute leur étendue, de semblables lambris. Enfin, sous le parvis, se trouvaient des citernes dans lesquelles l'eau des toits se rendait par des tuyaux métalliques. »

L'invention du paratonnerre ne fut pas le fait du hasard ; elle est due tout entière au génie de Franklin qui, aussitôt après les premières expériences relatives à l'électricité, conçut l'idée d'aller la chercher au sein des nuages pour la conduire inoffensive dans le sol, et de découvrir, suivant la belle expression de Piddington « le magnifique mystère des éclairs. » Muni d'un cerf-volant, il sortit avec son fils, un jour d'orage, pour tenter l'expérience. Craignant le ridicule, dont on ne manque pas de couvrir les essais infructueux, il n'avait voulu mettre personne autre dans sa confidence. Le cerf-volant était lancé depuis quelque temps au milieu des nuages sans produire aucun effet, lorsqu'un bruissement se fit entendre pendant que les filaments de la corde se soulevaient. Franklin présenta le doigt à l'extrémité et vit aussitôt paraître une brillante étincelle qui lui prouvait que son expérience avait réussi et qu'on pouvait soutirer l'électricité des nuages orageux.

En France, Buffon, qui avait fait traduire les *Lettres sur l'électricité* de Franklin, répéta ses expériences et tira des étincelles d'une barre de fer placée au sommet de la tour de Montbard. L'Angleterre, l'Allemagne et l'antique Étrurie, la Toscane, qui jadis avait aussi interrogé la foudre, s'associèrent bientôt aux recherches que l'Amérique poursuivait avec enthousiasme.

Un physicien français, de Romas, se servit, presqu'en même temps que Frankin, d'un cerf-volant dans la corde duquel il avait introduit un fil métallique. Il obtint des étincelles d'une grandeur surprenante. « Imaginez-vous, dit-il, des lames de feu de neuf à dix pieds de longueur et d'un pouce de grosseur qui faisaient autant de bruit qu'un coup de pistolet. En moins d'une heure, j'eus certainement trente lames de cette dimension sans

compter beaucoup d'autres de sept pieds et au-
dessous. « Ce courageux expérimentateur, gravement atteint par une violente décharge, continua
cependant ses observations avec le plus ferme dévouement. Richmann, professeur de physique à
Saint-Pétersbourg, n'ayant pas pris toutes les précautions nécessaires, fut foudroyé pendant un
orage, au moment où il s'approchait du conducteur qu'il avait disposé pour ses expériences. On
doit citer aussi l'abbé Chappe, qui courut les plus
grands dangers en prenant une part active à ces
belles études sur l'électricité.

De Romas avait observé que, pendant la durée
de ses expériences, les éclairs et le tonnerre ces-
saient quelquefois complétement. L'électricité, dé-
versée dans l'atmosphère par les paratonnerres,
était donc suffisante pour modifier profondément
la tension des nuages orageux, ainsi que le prouvèrent d'ailleurs les expériences entreprises à Turin
par le célèbre Beccaria. « Cet habile physicien
avait dressé sur deux points du palais de Valentino,
fort éloignés l'un de l'autre, deux gros fils métalliques maintenus à l'aide de corps isolants. A peu de
distance et au-dessous de chacun de ces fils se trou-

vait un conducteur qui pénétrait jusqu'au sol.
En temps d'orage, des éclairs continus jaillissaient
entre les fils supérieurs et les fils inférieurs. Cent
étincelles se manifestaient en moins de dix secondes. Cette quantité de matière fulminante aurait
suffi pour donner la mort; en conséquence, chaque tige enlevait par heure, en temps d'orage, une
quantité de matière électrique capable de tuer trois
cent soixante hommes, et comme le Valentino se
composait de sept toits pyramidaux, recouverts de
feuilles métalliques, que des gouttières conductri-
ces faisaient communiquer avec la terre, M. Arago
infère de là que ce seul édifice, à l'aide de ses pointes, enlevait aux nuées orageuses, dans le court
espace d'une heure, une quantité de matière fulminante qui eût suffi pour tuer plus de trois mille
hommes. Aussi Toaldo et d'autres physiciens as-
surent-ils avoir vu des nuées sillonnées par de
vifs éclairs qui, après avoir dépassé une ligne de
paratonnerres, se changèrent subitement en nuées
ordinaires, semblables à des charbons éteints où
n'apparaissait aucun jet lumineux *. »

* *De la météorologie dans ses rapports avec la science de l'homme,*
par P. Foissac, Paris, 1854.

Il n'en est plus de même pour un assemblage
de nuages solidaires les uns des autres, comme
dans ces violents orages qui couvrent des régions
de plusieurs lieues d'étendue. L'effet produit par
quelques paratonnerres n'est plus en rapport avec
la grande masse d'électricité répandue sur les
nuées, et les tiges peuvent être frappées par la
foudre. Mais quand l'appareil est bien construit,
l'édifice n'en est pas moins garanti, l'électricité se
portant vers le sol à travers le conducteur. Lorsque ces accidents arrivent, il est important de
visiter et de réparer l'appareil avec un très-
grand soin; par suite d'une installation vicieuse,
on aurait à craindre une décharge latérale, qui
équivaut à un véritable coup de foudre. Les précautions doivent augmenter aujourd'hui à cause
de la grande quantité de fer qui entre dans la
construction des édifices. Les instructions de l'Académie des sciences relatives à l'emploi des paratonnerres ont été révisées à ce point de vue.

Arago établit, au sujet de l'action préservatrice,
la règle suivante : il ne doit y avoir sur un comble,
sur une terrasse, etc., aucun point dont la distance
horizontale à la tige la plus voisine soit plus grande

que le double de la hauteur de cette tige au-dessus de sa base.

La foudre frappe généralement les parties élevées des édifices; cependant les parties latérales des grands bâtiments ont été quelquefois directement attaquées par des nuages fortement électrisés poussés dans le voisinage du sol. On a dû placer, pour se préserver de ces décharges, des paratonnerres horizontaux ou très-inclinés. M. Perrot a récemment proposé un système de paratonnerres à pointes multiples et de forme pyramidale, paraissant avoir beaucoup plus d'efficacité que ceux dont on s'est servi jusqu'à présent.

En Chine, au Japon et dans plusieurs autres contrées de l'Orient, on place un assemblage de morceaux de verre, régulièrement taillés ou de forme quelconque, au faîte des édifices, pour détourner la foudre. Depuis quelques années les Japonais ajoutent à ce système de véritables paratonnerres, et supposent que leurs constructions sont ainsi doublement protégées.

L'amiral Fitz Roy, en mentionnant cette ancienne coutume, rappelle qu'au commencement de ce siècle on voyait encore sur les côtes d'Angleterre un certain nombre de phares portant à leur sommet ces petites masses de verre, établies sans doute à la suite de descriptions transmises par les voyageurs qui revenaient des Indes orientales.

« Volta, dit M. P. Foissac dans sa *Météorologie*, regardait les grands feux comme le meilleur moyen de prévenir les orages ou de les rendre moins redoutables. On a cité à l'appui de cette opinion les observations météorologiques faites en Angleterre, où les régions agricoles comptent plus d'orages que les provinces où s'exploitent les mines; mais, suivant la remarque de M. Arago, la rareté des orages dans celles-ci peut aussi bien être attribuée à la nature du sol qu'à l'influence des énormes feux que nécessitent les travaux des forges. »

L'abbé Bertholon [*], après avoir cité plusieurs faits relatifs à l'influence de l'électricité sur la végétation, termine par la remarque suivante :

« Ces faits sont analogues à une observation que j'ai faite; c'est que les plantes croissent mieux et sont plus vigoureuses autour des paratonnerres,

[*] *De l'électricité des végétaux*, Paris, 1783.

lorsqu'il y en a quelques-unes et que le local permet leur développement; ils servent à expliquer
la végétation si vigoureuse des forêts et des plus
grands arbres, dont la haute cime s'élève avec
tant de majesté : ceux-ci vont chercher le fluide
électrique bien plus haut que les plantes moins
élevées; les extrémités aiguës de leurs feuilles, de
leurs rameaux et de leurs branches sont autant
de pointes que la nature leur a départies pour
soutirer le fluide électrique de l'air, cet agent si
propre à la végétation et à toutes les fonctions des
plantes. »

Dans l'antiquité on redoutait de passer sous les
arbres frappés de la foudre. Ces lieux étaient ré-
putés sacrés; on pensait que les dieux en avaient
pris possession. Mais on croyait aussi que certains arbres, le laurier, le hêtre, n'étaient jamais
atteints. C'est sous l'ombrage du hêtre que les bergers se réfugiaient pendant l'orage. La même
croyance existe en Amérique; et dans l'État de
Tennessée, où les orages sont fréquents, de grandes
plantations du hêtre à larges feuilles offrent un refuge sous lequel les gens de la campagne s'abritent dès que le tonnerre gronde.

Si les orages sont souvent des agents de destruction, ils sont aussi presque toujours une puissante cause de bien. Ils purifient l'atmosphère et fécondent le sol. Les décharges électriques donnent naissance à des produits azotés, nécessaires à la végétation, qui pénètrent avec la pluie au sein de la terre. Elles transforment aussi l'oxygène en ozone, ou oxygène électrisé, substance réunissant à une action salutaire sur nos organes la propriété de détruire les miasmes, ainsi que l'ont montré des expériences faites pendant les épidémies.

« Il faut remarquer, disait M. Dumas * dans une de ses plus éloquentes et plus instructives leçons, comment l'oxyde d'ammonium, l'acide azotique, auxquels les plantes empruntent une partie de leur azote, dérivent eux-mêmes, presque toujours, de l'action des grandes étincelles électriques qui éclatent dans les nuées orageuses, et qui, sillonnant l'air sur une plus grande étendue, y produisent l'azotate d'ammoniaque que l'analyse y décèle.

* Leçon de clôture du cours de chimie, professé à la Faculté de médecine.

» Ainsi des bouches de ces volcans, dont les convulsions agitent si souvent la croûte du globe, s'échappe sans cesse la principale nourriture des plantes, l'acide carbonique; de l'atmosphère enflammée par les éclairs, et du sein même de la tempête, descend sur la terre cette autre nourriture non moins indispensable des plantes, celle d'où vient presque tout leur azote, le nitrate d'ammoniaque que renferment les pluies d'orage.

» Ne dirait-on pas un souvenir de ce chaos dont parle la Bible, de ces temps de désordre et de tumulte des éléments, qui ont précédé l'apparition des êtres organisés sur la terre?

» Mais à peine l'acide carbonique et l'azotate d'ammoniaque sont-ils formés, qu'une force plus calme, quoique non moins énergique, vient les mettre en jeu : c'est la lumière. Par elle, l'acide carbonique cède son carbone, l'eau son hydrogène, l'azotate d'ammoniaque son azote. Ces éléments s'associent, les matières organisées se forment et la terre revêt son riche tapis de verdure. »

VI

TROMBES.

« Les navigateurs, dit Pline *, redoutent un nuage sombre et qui ressemble à un animal monstrueux. Quand le nuage condensé est réuni en une masse perpendiculaire, on l'appelle *colonne*, et c'est dans une autre classe que l'on range la nue qui pompe l'eau comme un syphon. Si le tourbillon marche entouré d'éclairs et de flammes, il prend le nom de *Prester* **, et il brûle, renverse, écrase tout ce qu'il touche. »

Peltier, dans sa remarquable étude sur les trombes, combat l'opinion qu'on a émise sur leur

---

* *Tourbillons, Presters, Typhons et autres orages terribles;* Hist. Nat. trad. Grandsagne.
** Voy. dans *Lucrèce,* liv. VI, la description du *Prester.*

formation. Elles ne sont pas dues, selon lui, à
une rotation de l'air produite par deux courants
qui se rencontrent, mais bien à une tension électrique extraordinaire des nuages, qui engendre
elle-même des phénomènes secondaires, suivant le
lieu où se forme ce météore et suivant l'état préa-
lable de l'atmosphère. Cette tension, développant
par influence l'électricité contraire sur le sol, les
nuages s'abaissent en forme de cône, et offrent une
voie à l'écoulement du fluide. La dimension, la
courbure et le mouvement des trombes, le bruit
qui les accompagne, les bourrasques qui en résultent, la puissance de leurs effets d'attraction ou
de répulsion, varient comme les causes qui concourent à les produire. Le tonnerre cesse généralement de se faire entendre sur leur passage,
par suite de l'échange d'électricité qu'elles établis-
sent entre le sol et les groupes de nuages.

Peltier a comparé les observations renfermées
dans cent trente-sept relations différentes, et fait
connaître un certain nombre d'expériences dans
lesquelles il a produit en miniature, au moyen
d'ingénieux appareils électriques, plusieurs des
effets qui ont été signalés. La trombe de Châ-

tenay lui paraît surtout confirmer sa théorie.

Dans la matinée du 18 juin 1839, d'épaisses vapeurs formaient une longue bande s'étendant vers l'est, à l'horizon du monticule de Châtenay. La chaleur était suffocante. A onze heures, un orage éclata et suivit la direction de la vallée qui sépare le village des collines d'Ecouen. Un second orage parut bientôt, dont les nuages, moins élevés que ceux du premier, s'avançaient rapidement. Les habitants observaient avec une curiosité mêlée d'anxiété leur rencontre et leur lutte au milieu des éclats du tonnerre, lorsque tout à coup les nuées s'abaissèrent vers la terre et se mirent en communication avec elle. Dès cet instant, toute explosion cessa et l'on vit s'élever un effroyable tourbillon de poussière et de terre qui s'avançait avec un roulement confus, semblable à celui qui précède les rafales. Un observateur a décrit cette trombe comme un immense cône renversé dont le sommet était rouge de feu et distant de six à huit mètres de la surface du sol. Sur son passage les arbres étaient arrachés, leurs feuilles desséchées et roussies sur les bords. Lorsque le météore, dévié vers le nord-est, fut parvenu à la Croix-du-

Frêche, on le vit, suivant un autre rapport, osciller d'une manière très-sensible. Il y eut encore à
ce moment des arbres abattus; plusieurs d'entre
eux avaient leur tronc fendu et le bois en était di-
visé en lattes minces comme s'ils avaient été frappés par la foudre.

Changeant encore de route, la trombe atteignit
deux fermes dont elle enleva les toitures et détruisit les murs de clôture. Au sommet de la colline
de Châtenay, les nuages épais du premier orage parurent l'arrêter quelques instants, par suite sans
doute de la force répulsive dont ils étaient doués,
et l'on vit alors des vapeurs grisâtres descendre en
tournoyant le long du cône.

Dans le parc du château de Fontenay, tous les
arbres de haute futaie furent arrachés. Sur la ligne
suivie par le centre de la trombe on les trouva renversés pêle-mêle, tandis qu'à côté, ils étaient cou-
chés dans le même sens et dirigés vers cette ligne
centrale. Un mur abattu présentait cette particu-
larité remarquable que ses cinq fragments étaient
alternativement jetés en avant et en arrière, ce qui
s'expliquerait par le balancement de l'extrémité du
cône. Le carrelage d'une terrasse fut presque en-

tièrement soulevé et transporté beaucoup plus loin.
Près de l'étang, une décharge à distance produisit
une large flamme entre la pointe et l'eau. Deux
dames qui se trouvaient dans le voisinage, virent
apparaître un globe de feu, et l'une d'elles fut entraînée à près de dix mètres par une violente rafale. Au moment de la communication électrique
avec l'étang, un grand nombre de poissons furent
tués et vinrent flotter à la surface. Après cette
communication, la trombe devint plus mince et
plus transparente ; à un kilomètre de Châtenay,
elle était réduite à la grosseur d'un tuyau de poële.
Elle finit par se diviser en deux ; sa partie supérieure, marquée de stries noires et blanches, se
dissipa bientôt comme une fumée, tandis que la
partie inférieure, plus sombre, s'affaissait sur le
sol, où l'on trouva une excavation assez profonde.
L'air reprit alors sa sérénité, et rien n'eût indiqué le
passage du terrible météore, sans les débris de
toute espèce qui couvraient la terre.

Nous trouvons, dans le *Journal de la Vienne*, les
détails suivants sur une trombe qui, dans la soirée
du 18 juin 1863, a parcouru, en les ravageant,
plusieurs localités de l'arrondissement de Loudun :

« La journée avait été très-chaude, et, vers six heures du soir, un orage éclatait sur l'arrondissement de Loudun, qu'il traversait du sud-ouest au nord-est. La trombe, dont le parcours était parallèle à celui de l'orage, s'est formée sur la droite et à quelque distance de la nuée; elle paraît avoir pris naissance dans les plaines voisines d'Angliers. A ce moment, observée de fort loin par des personnes placées près du bourg de Saire, elle ressemblait à un serpent gigantesque, soit que cette forme fût l'effet d'un mouvement giratoire, soit qu'elle fût due à des affaissements et à des exhaussements successifs qui se sont reproduits plus loin.

» Une fois formée, la trombe, traversant la plaine d'Angliers, prit sa direction vers le village de la Roche-Rigault. Dans cette partie de son trajet, elle offrait aux personnes placées sur les côtes de Monts, l'apparence d'une immense colonne nébuleuse, au milieu de laquelle on apercevait l'ascension et la chute des objets qu'elle rencontrait dans sa marche.

» Si l'on en juge par les traces de son passage, c'est vers la Roche-Rigault qu'elle paraît avoir

5.

acquis toute sa puissance. Cependant elle éprouvait un affaissement presque complet, en passant
du plateau de la Roche-Rigault dans la petite vallée
de la Rivière, située entre le bourg de Maulay et
celui de Claunay.

» De nombreux spectateurs qui, des hauteurs
de Maulay la voyaient approcher avec une anxiété
facile à comprendre, crurent un instant qu'elle
s'était évanouie; mais, presque aussitôt, ils furent
frappés d'une terreur indicible, qui, chez quelques-
uns, allait jusqu'au désespoir, en la voyant se relever tout à coup comme un immense jet de vapeur,
passer à quelques centaines de mètres, renversant
et enlevant à une hauteur considérable tout ce qui
se trouvait sur son passage, rester pendant quelques
minutes dans une apparente immobilité, et continuer enfin sa marche vers le bourg de Ceaux où
elle devait causer ses derniers ravages.

» Au delà de Ceaux, la colonne diminuait rapidement de volume, s'amincissant surtout vers le
milieu de sa hauteur, et ne tardait pas à disparaître, après un parcours de 15 à 20 kilomètres en
ligne indécise et ondulée, suivant quelques personnes, dans sa première partie, mais certaine-

ment en ligne parfaitement droite depuis la Roche-Rigault jusqu'à Ceaux.

» On se ferait difficilement une idée exacte des effets produits par ce météore, surtout dans la dernière moitié de son parcours. Plusieurs maisons de la Roche-Rigault ont été en partie renversées. Les maisons de la Perrière et de la Rivière ont été transformées en ruines; la touffe de vieux chênes qui ombrageait ce dernier vallon a complétement disparu.

» A Ceaux, le clocher a été renversé; la toiture et la charpente de l'église ont été enlevées et sont retombées à terre de telle sorte que, par suite d'un renversement complet, la charpente s'est retrouvée sur la toiture. La cure neuve, où le desservant avait commencé à s'installer, a été dévastée. La maison du maire s'est écroulée.

» Entre la Rivière et Ceaux, portion de pays très-boisée, le passage de la trombe est marqué par une trouée de 4 à 5 kilomètres de longueur sur une largeur moyenne de 200 mètres, où il n'existe presque aucun arbre qui n'ait été arraché ou brisé. Des champs de blé n'ont plus d'épis, d'autres sont aussi aplatis que s'ils avaient été

soumis à la pression d'un rouleau. On trouve de
grands noyers qui, enlevés par la trombe, ont été
rejetés à plus de 100 mètres, mutilés et dépouillés
de toutes leurs branches entraînées à des distances
bien plus considérables. On dirait que les arbres
les plus gros étaient ceux dont la trombe s'empa-
rait avec le plus de facilité.

» Un jeune homme, nommé Georget, habitant
les environs de la Roche-Rigault, allait faucher
quand il a été surpris par le météore; il avait sa
faux sur son épaule et son baril à la main. Enlevé
à une assez grande hauteur, il s'est trouvé transporté à quelque distance, debout, mais le corps
et surtout le visage meurtris par les branches qui
avaient partagé son voyage aérien. Son émotion,
bien naturelle assurément, était si grande, qu'à la
suite de cette commotion il est resté, pendant un
temps qu'il ne peut préciser, dans un état de tor-
peur voisin de l'évanouissement. Sa faux a disparu; son baril n'a été retrouvé que très-loin du
lieu de l'accident.

» Un autre homme, lancé contre un mur, a eu
le bras fracturé.

» On doit se réjouir et s'étonner qu'il n'y ait pas
eu d'autres victimes. »

Les trombes sont souvent beaucoup plus désastreuses que celles dont nous venons de donner la description. On a gardé le douloureux souvenir de la catastrophe de Monville, en 1845, où, au milieu d'édifices écroulés et incendiés, périrent un si grand nombre de victimes.

Dans le désert, la colonne de sable brûlant qui s'élève en tournoyant, ensevelit des caravanes sur son passage. Le même phénomène produit des effets non moins terribles au milieu des steppes de la Russie méridionale. Les chevaux des grands pâturages se forment en cercle, réunissant leurs têtes au centre comme lorsqu'ils sont menacés par les bêtes fauves. Mais la trombe transporte des masses de sable sous lesquelles ils disparaissent, en même temps que le campement des Tartares auxquels ils appartiennent.

Le naturaliste Audubon *, dans le récit de ses voyages au nord de l'Amérique, donne la descrip-

---

* *Scènes de la nature dans les États-Unis,* traduction d'Eugène Bazin. Paris, 1857.

tion des ravages produits par une trombe au milieu d'une forêt :

« ... Un jour, je m'en revenais de Henderson, situé sur les rives de l'Ohio. par un temps agréable et pas plus chaud, si j'ai bonne mémoire, qu'il ne l'est d'ordinaire à l'époque de l'année où l'on se trouvait alors. J'avais franchi à gué la crique des Highlands, et j'étais sur le point de m'engager sur une étendue de terrain déprimé, formant vallée entre cette dernière crique et une autre. dite la crique du Canot, lorsque soudain je m'aperçus que le ciel avait entièrement changé d'aspect; un air épais et lourd pesait sur la contrée, et, pendant un moment, je m'attendis à un tremblement de terre. Mon cheval, toutefois, ne manifestait aucun désir de s'arrêter ni de se prémunir contre l'imminence d'un tel péril, et j'étais presque arrivé à la limite de la vallée, où je me décidai à faire halte au bord d'un ruisseau pour apaiser ma soif.

» Je m'étais mis sur mes genoux, et mes lèvres touchaient à l'eau. Tout à coup, penché comme je l'étais vers la terre, j'entendis un sourd, un lointain mugissement d'une nature très-extraordinaire.

Je bus cependant, et au moment où je me remet-
tais sur mes pieds, regardant vers le sud-ouest,
j'y observai un nuage ovale et jaunâtre dont l'apparence était tout à fait nouvelle pour moi. Mais
je n'eus pas grand temps pour l'examiner, car presqu'au même instant un vent impétueux commença
d'agiter les plus hauts arbres. Bientôt il se déchaîna
avec fureur, et déjà je voyais les menues branches
et les rameaux chassés au loin vers la terre. En
moins de deux minutes, toute la forêt se tordait
devant moi d'une manière effrayante. M'étant in-
stinctivement tourné dans la direction d'où soufflait
le vent, je vis avec stupéfaction les plus nobles
arbres de la forêt courbant un moment leurs têtes
majestueuses, puis, incapables de résister à la
tourmente, tombant, ou plutôt volant en éclats.
D'abord, c'était un bruit de branches qui se cas-
saient; puis, avec fracas, se brisaient le haut des
troncs massifs; dans beaucoup d'endroits, des arbres entiers, d'une taille gigantesque, étaient pré-
cipités tout d'une pièce sur la terre.

» Si rapide fut la marche de l'ouragan, qu'a-
vant même que j'eusse songé à prendre des mesures pour ma sûreté, il était passé à l'opposé de

l'endroit où je me tenais. Jamais je n'oublierai le
spectacle qui, à ce moment, me fut offert; je
voyais la cime des arbres tourbillonner au centre
de la tempête, dont le courant entraînait pêle-
mêle une telle masse de branches, de feuillage
et de poussière que le ciel en était complétement
obscurci. Toute cette masse, soulevée dans les airs,
tournoyait, emportée comme une nuée de plumes;
et, quand elle était passée, on découvrait un large
espace rempli d'arbres renversés, de tiges dépouillées et de monceaux d'informes débris qui marquaient la trace de la trombe. Cet espace avait
environ un quart de mille de largeur, et représentait assez bien le lit desséché du Mississipi, avec
ses milliers de grosses souches et de troncs étendus
sur le sable, enchevêtrés l'un dans l'autre et inclinés en tous sens. Quant à l'horrible fracas que
j'entendais, on eût dit un effroyable hurlement,
suivant en quelque sorte à la piste les ravages de
la tempête, et il produisait sur mon esprit une impression que je ne puis rendre.

» Cependant la plus grande furie de l'ouragan
était passée; mais des milliers de brindilles et de
rameaux continuaient à se précipiter dans la trouée

faite par la trombe, comme attirés par quelque
mystérieux pouvoir. Le ciel était d'une teinte ver-
dâtre, et une odeur sulfureuse, très-forte, remplis-
sait l'atmosphère. J'attendais, stupéfait, mais
n'ayant souffert aucun mal, que la nature eût enfin reprit son aspect accoutumé. Pendant quelques
instants, je restai indécis si je devais retourner à
Morgantown, ou bien essayer de me frayer un
passage à travers les ruines qui me barraient le
chemin. Mais, comme mes affaires pressaient, je
m'aventurai sur les pas de la tempête, et, après
des efforts inouïs, je parvins à m'en tirer. J'étais
obligé de conduire mon cheval par la bride pour
lui faire franchir les monceaux d'arbres, tandis
que je me cramponnais par-dessus ou rampais
par-dessous, du mieux que je pouvais ; par moments, si bien empêtré au milieu des cimes brisées et du fouillis de branches, que je croyais y
rester.

» Quand je fus arrivé chez moi, je racontai ce que
j'avais vu ; et, à ma grande surprise, on me dit que
dans le voisinage, on n'avait ressenti que très-peu
de vent, bien que, dans les rues et les jardins, on
eût vu tomber beaucoup de grosses et de petites

branches, sans pouvoir se rendre compte d'où elles venaient.

» Depuis lors, j'ai traversé le chemin parcouru par la trombe : une première fois, à la distance de deux cents milles du lieu où j'avais été témoin de toute sa fureur; une autre fois, à quatre cents milles plus loin, dans l'État d'Ohio ; récemment, enfin, à trois cents milles au-delà, j'ai observé les traces de son passage sur les sommets des montagnes qui font suite aux grandes forêts de pins de la Pensylvanie; et, sur tous ces différents points, elles ne m'ont pas paru excéder en largeur un quart de mille. »

Lorsque les trombes se forment en pleine mer, elles présentent d'autres phénomènes, que nous ferons connaître par quelques extraits d'une description de l'amiral Napier.

La partie principale du météore avait aussi la forme d'un cône renversé, dont la base se confondait avec les nuages. Le vent l'entraînait avec rapidité. A son extrémité inférieure, la mer, toute blanche d'écume, semblait en ébullition. Elle s'élevait en une puissante gerbe qui pouvait avoir 250 pieds de diamètre; la hauteur totale de la colonne, comprise entre la mer et le nuage, était d'environ 1,500 pieds. D'énormes quantités d'eau s'élançaient en sifflant dans l'intérieur comme dans un syphon gigantesque, et la trombe tout entière semblait animée d'un rapide mouvement en spirale. Elle se courbait tantôt dans un sens, tantôt dans l'autre, suivant la direction du vent qui soufflait alors de tous les points de l'horizon. Comme elle s'approchait sans cesse du navire, le capitaine fit tirer plusieurs coups de canon sur la colonne qui fut coupée en deux. Les deux fragments flottèrent pendant quelques instants comme des draperies agitées par le vent, puis se réunirent de nouveau et bientôt disparurent. Des torrents de pluie s'é-chappèrent alors du nuage noir qui avait donné naissance au phénomène.

La plupart des navigateurs ont vu des trombes se former. A la partie inférieure d'un nuage, remarquable par ses teintes sombres, apparaît une saillie arrondie qui s'allonge peu à peu, semblable à une immense stalactite. Dès que l'extrémité arrive près de la surface de la mer, on voit l'eau s'élancer vers le nuage, ou se creuser en se déprimant, présentant ainsi des phénomènes d'attraction ou de répulsion. Souvent une ligne plus claire indique le vide intétérieur de la colonne.

De petits bâtiments ont été submergés par le passage d'une trombe et de plus grands ont éprouvé des avaries graves. On voit rarement des éclairs, mais plusieurs relations constatent que pendant la nuit la colonne était lumineuse.

Quelquefois plusieurs trombes se forment en même temps, surtout dans les mers orageuses de la zone torride. Le commandant Page a observé ce phénomène dans la Méditerranée près du cap de Gate, et, ce qui est remarquable, pendant un très-beau temps. « Le ciel, dit-il, était de ce brillant azur qu'on ne rencontre que sous le climat de l'Andalousie. Tout à coup une violente agitation se manifesta dans l'atmosphère; le vent roula sur nos têtes avec un bruit semblable à celui d'une forêt traversée par l'orage, et nous nous trouvâmes presque instantanément enveloppés de trombes. A droite, à gauche, devant, derrière, nous en comptâmes sept, de diverses grandeurs, toutes s'élevant de la surface de la mer, sous la forme d'un cône renversé dont le sommet était tangent à l'eau et la base vaguement terminée dans l'air. »

Nous avons assisté au même phénomène, pendant une belle journée du mois d'août, sur le brick de l'État l'*Euryale*, qui se trouvait par le travers de la vallée du Boberach, entre Dellys et Alger.

L'extrait suivant est emprunté à la relation, faite par Scoresby, d'un terrible orage qui assaillit le paquebot le *New-York*, le 19 avril 1827 :

« .... Il était déjà grand jour ; mais les nuages qui enveloppaient de toutes parts le navire, étaient si noirs et si épais, que l'obscurité régnait au milieu de nous. Il faisait cependant assez clair pour que nous pussions distinguer tous les détails de l'affreuse scène qui se passait sur le bâtiment. La pluie tombait par torrents mêlés à des grêlons aussi gros que des noisettes... Des éclairs brillaient de tous côtés, accompagnés presque au même instant de coups de tonnerre.

» La mer était agitée d'une manière violente et irrégulière, et présentait un aspect remarquable.... D'immenses nuages de vapeur s'en élevaient et formaient dans l'air une multitude de colonnes grisâtres : on eût dit d'innombrables piliers supportant la voûte massive des nuages qui couvraient le navire...

» La mer était dans un bouillonnement continuel, comme par l'action d'une quantité de petits volcans sous-marins. Ce devait être un phénomène électrique du même genre que les trombes. On apercevait, en effet, trois colonnes d'eau qui s'élançaient dans les airs, et puis, retombaient en écumant dans la mer qu'elles agitaient avec force. La scène qui se passait en ce moment était épouvantable, les éléments semblaient s'être combinés pour la destruction de tout ce qui se trouvait sur la surface de la mer. »

Les trombes sont très-fréquentes dans la mer de Java à l'époque du renversement des moussons. L'agitation de l'atmosphère, résultant de l'action opposée des courants, alterne alors avec de longues journées de calme. Dans cette période de transition, la nature présente un imposant spectacle, très-bien décrit par un savant officier de la marine hollandaise, le commandant Jansen, souvent cité dans l'œuvre de Maury : « L'électricité qui se dégage des masses au sein desquelles elle accomplit mystérieusement, dans le calme et le silence, la puissante tâche que la nature lui impose, se révèle alors avec une éblouissante majesté. Ses éclairs et ses éclats remplissent d'inquiétude l'esprit du marin, sur lequel aucun phénomène atmosphérique ne fait une impression plus profonde qu'un violent orage par un temps calme.

» Nuit et jour le tonnerre gronde. Les nuages sont en mouvement continuel, et l'air obscur, chargé de vapeur, tourbillonne. Le combat que les nuages semblent à la fois appeler et redouter les rend, pour ainsi dire, plus altérés, et ils ont recours aux moyens les plus extraordinaires pour attirer l'eau. Lorsqu'ils ne peuvent l'emprunter à l'atmosphère, ils descendent sous la forme d'une trombe et l'aspirent avidement à la surface de la mer. Ces trombes sont fréquentes aux changements de saisons, et surtout près des petits groupes d'îles, qui paraissent faciliter leur formation. Elles ne sont pas toujours accompagnées de vents violents. Fréquemment on en voit plus d'une à la fois, et il arrive alors que les nuages d'où elles proviennent, se dispersent dans toutes les directions en même temps que la trombe se courbe en se redressant et se brise par le milieu.

» Le vent empêche souvent la formation des trombes d'eau. Mais, à leur place, des trombes de vent s'élèvent avec la rapidité d'une flèche, et la mer semble faire de vains efforts pour les abattre. Les vagues furieuses se soulèvent, écument et mugissent sur leur passage; malheur au marin qui ne sait pas les éviter !

» .... En contemplant la nature dans son universalité, où l'ordre est si parfait que toutes les parties, par le moyen de l'air et de l'eau, paraissent se prêter un mutuel secours, il est impossible de ne pas admettre l'idée de l'unité d'action. Nous pouvons donc conjecturer qu'au moment où cette union des éléments est troublée ou détruite par l'influence de causes externes et locales, la nature montre sa toute-puissance dans les prodigieux efforts qu'elle fait pour combattre les forces perturbatrices, pour rétablir l'harmonie par l'action des forces souveraines, mystérieuses, qui maintiennent l'ordre et l'équilibre. »

VII

TEMPÊTES

Les marins s'entendent assez bien entre eux sur la force relative du vent, en indiquant la voilure qu'il permet au navire de porter. Quand, au milieu d'un coup de vent, on peut encore tenir le travers avec une petite voile solidement établie, on est *à la cape*. Les rafales augmentent, la mer grossit toujours, les lames couvrent le navire, il est impossible de lutter contre la tempête, il faut *fuir devant le temps*. Heureux encore si cette ressource est possible, si la terre est éloignée, si le navire, incliné sous la tourmente, obéit encore au gouvernail.

En hiver, dans l'Archipel grec, les coups de vent du nord sont quelquefois si violents qu'on est réduit à cette manœuvre. Un épais brouillard,

6

pròduit par l'abaissement subit de la température,
cache les îles et les écueils au milieu desquels il
faut chercher un passage. On approche des côtes,
un vague contour se dessine tout à coup, est-ce un
refuge qui s'ouvre ou un menaçant obstacle qui
annonce le naufrage?...

Les météorologistes, qui classent les vents suivant leur vitesse, assignent celle de vingt-cinq à
trente-cinq mètres par seconde aux tempêtes; les
ouragans iraient jusqu'à quarante-cinq mètres. Ce
dernier nom se rapporte plutôt aux tempêtes tournantes, ou *cyclones*, que nous décrirons plus loin.
Nous ne parlons, maintenant, que des tempêtes
rectilignes.

M. Hervé-Mangon, au moyen de son anémo-
mètre à indicateur électrique, a constaté plusieurs
fois, et notamment pendant la tempête du 27 février 1860, une vitesse de quarante-deux mètres
par seconde. Dans le court espace d'une demi-
heure, une masse d'air, représentée par le poids
énorme de vingt-deux millions de tonnes, avait
passé au-dessus de Paris.

Les courants atmosphériques se dirigent, en général, des lieux où le baromètre est haut vers ceux

où il est bas. Ces courants tendent à rétablir l'équilibre rompu, à mettre les couches aériennes de niveau, et plus les pressions diffèrent dans des points rapprochés, plus la vitesse du vent est grande.

Par l'étude régulière du baromètre dans les différentes villes de l'Europe, et, en comparant les observations faites à une même époque, il est facile de représenter l'état général de l'atmosphère à un moment donné. On a été conduit ainsi à la découverte d'un remarquable phénomène relatif aux tempêtes. A certaines époques, on a vu le baromètre monter extraordinairement, dans une suite de points qui dessinaient sur la carte une courbe régulière tracée du nord au sud. Mais, cet état particulier ne dure pas longtemps ; on retrouve le lendemain cette courbe de pression maximum transportée parallèlement vers l'est, indiquant par son mouvement la translation d'une onde atmosphérique condensée. Ce phénomène est suivi d'un phénomène inverse : une dépression du baromètre marque, sur tous les points que couvrait d'abord l'onde comprimée, le passage d'une onde raréfiée qui la suit. Des ondes semblables se succèdent ainsi

à des intervalles plus ou moins éloignés, et l'on
observe que les ondes comprimées ne troublent
pas le temps, tandis que le passage des ondes dilatées amène des tempêtes. Ces mouvements de
l'atmosphère, qu'on peut comparer à ceux des vagues de l'Océan, sont assez fréquemment observés.
En 1854, deux grandes ondes traversèrent l'Europe, du Havre à la Crimée, dans l'espace de quatre
jours. Des tempêtes s'ensuivirent, et celle du 14
novembre causa dans la mer Noire d'épouvantables
désastres. La flotte française perdit à Eupatoria le
vaisseau le *Henri IV*, et la corvette à vapeur le
Pluton. Près de cinquante bâtiments de transport
furent jetés à la côte, la plupart devant Sébastopol,
à l'embouchure de la Katcha, où ils étaient mouillés près des escadres alliées, qui subirent de graves
avaries. Un paquebot anglais, qui portait deux
cent cinquante prisonniers russes, sombra devant
Odessa. La frégate à vapeur le *Sané*, qui se rendait
à Constantinople avec des blessés, trouva la mer si
grosse, que, dans un coup de roulis, un canon de
trente, amarré sur le gaillard d'avant, emporta
pitons et palans, et passa par-dessus le bord sans
endommager la muraille.

En novembre 1836, une tempête semblable commença à Londres, vers dix heures du matin ; elle atteignit La Haye à une heure, Emden à quatre heures, Hambourg à six heures, et Stettin à neuf heures et demie, ayant ainsi une vitesse moyenne de trente mètres par seconde. C'est avec la même impétuosité qu'en hiver les tempêtes du nord se précipitent dans la vallée du Rhône, et s'étendent de là sur la Méditerranée. Nous nous souvenons d'un coup de vent de nord-ouest (*mistral*), qui fit ainsi franchir à notre petit brick la distance de Toulon à Athènes en cinq jours. Sous un ciel clair, la mer couronne d'écume ses grandes vagues d'un bleu foncé. Par intervalles, les rafales soulèvent dans l'air des nuages de poussière liquide. La nuit, surtout, on est frappé du contraste de cette tourmente avec le radieux aspect des constellations, qui brillent d'un plus vif éclat.

Les côtes de l'Algérie sont terribles en hiver, quand ces tempêtes y éclatent dans toute leur violence. Dans certaines rades peu abritées, les lames du ressac, se heurtant avec les grandes lames du large, soulèvent une mer énorme, à laquelle il est difficile de résister. Sur un aviso à vapeur, qui fai-

sait le service du littoral, nous avons essuyé, à
Stora, un de ces coups de vent, tenant sur quatre
ancres et faisant constamment fonctionner la machine. Dix navires avaient été broyés sur la côte,
où se voyaient encore quelques débris de la corvette la *Marne*, naufragée en janvier 1840. Cin-
quante-deux marins avaient péri dans ce dernier
naufrage, et parmi eux, un ami, officier d'un rare
mérite, le lieutenant Th. Dagorn. Nous citerons
quelques extraits du rapport adressé au ministre
par le capitaine de ce bâtiment, le commandant
Gatier :

« ... Le 25 au matin, le temps devint affreux. Le
golfe de Stora n'était plus qu'un vaste brisant d'où
surgissaient des lames monstrueuses qui venaient
déferler sur le mouillage. Nos canots et quelques
hommes furent enlevés par la mer, dans laquelle
la corvette plongeait jusqu'au mât de misaine;
vingt bâtiments se brisaient à la côte; trois autres,
mouillés près de nous, venaient de sombrer sous
leurs ancres. La chaîne de babord se rompit;
nous commençâmes à chasser, quoique avec len-
teur.

» La manœuvre, que j'essayai pour éviter les

brisants dont nous n'étions plus qu'à une faible distance, ne réussit pas ; rien ne pouvait résister à la mer qui nous maîtrisait. A onze heures trente minutes, nous talonnâmes ; notre position était désespérée.

» Je réunis les officiers, le maître du port, le maître d'équipage et quelques capitaines au long-cours réfugiés à bord, pour avoir leur opinion. Leur avis unanime, qui était aussi le mien, fut de filer toutes nos amarres pour éviter de toucher sur les rochers de la Pointe-Noire et chercher à faire côte dans l'anse, de plus facile accès, qui se trouve au sud de ces brisants, sur lesquels nous venions de voir disparaître en moins de deux minutes un navire de commerce. Nous fûmes assez heureux pour réussir, et le bâtiment, après d'affreuses secousses, vint se coucher sur un banc de sable dur et mêlé de roches, à environ quarante brasses de la côte, où le commandant de la marine à Stora dirigeait tous les secours que la garnison de Philippeville et la population civile s'empressaient de nous porter. C'est au dévouement admirable qui fut fatal à plusieurs de ces hommes généreux, que nous devons d'avoir sauvé une partie de l'équipage.

» Au moyen de pièces de mâture et de panneaux filés à la côte, on parvint à établir un va-et-vient. Le sauvetage commença un à un, sans confusion, avec l'héroïque sang-froid que, dans tout ce désastre, n'a cessé de montrer l'équipage de la *Marne*. Nous trouvant plus rapprochés de terre, je fis abattre le mât d'artimon, espérant en faire un pont qui présenterait un nouveau moyen de salut. Au moment de sa chute, un affreux coup de mer fit dévier sa direction ; il tomba le long du bord, et la corvette se divisa en trois parties. Le va-et-vient ne pouvait plus être utile qu'à ceux qui se trouvaient près du couronnement. Le grand mât venait de s'abattre ; j'ordonnai à ce qui restait d'hommes à ma portée de passer dessus. Je m'y réfugiai avec l'enseigne de vaisseau Nougarède. Quelques instants après, une lame monstrueuse s'abattit sur les débris de la *Marne*; tout fut englouti. Au retrait de cette effroyable masse d'eau, qui avait poussé le grand mât plus près de terre, ceux qui étaient dessus purent se sauver. J'y restai seul avec le maître charpentier, homme de courage et d'intelligence. A une nouvelle embellie, je le fis partir, et je me lançai sur la grève, le dernier.

Là, mes forces faillirent ; j'ai appris depuis qu'un marin, nommé Zévaco, et M. Dessouliers, colon de Philippeville, avaient généreusement exposé leur vie pour me traîner à terre, au moment où la mer allait m'atteindre et m'emporter au large. »

On peut se faire une idée de l'épouvantable mer qu'avait soulevée cette tempête par le fait suivant, rapporté par le commandant Gatier, et qui paraîtrait incroyable s'il ne s'était passé sous les yeux de plus de deux mille spectateurs. Après l'évacuation des débris encore debout de la *Marne*, un brick chaviré, poussé par une lame énorme, les franchit sans s'arrêter, et alla planter son mât de beaupré dans les falaises.

———

Dans l'Europe septentrionale, les courants polaires que le froid rend plus denses et mélange d'aiguilles de glace, atteignent souvent la rapidité de la tempête. Les coups de vent de la Manche et de la mer du Nord sont effroyables. Au lieu du ciel bleu de la Méditerranée, s'étend une voûte basse, d'un gris d'ardoise, sur laquelle courent des nuages blafards. Les marins transis peuventà peine se tenir sur le pont que les vagues couvrent d'une couche glacée, qui, s'attachant aussi au gréement, rend la manœuvre presque impossible. Nous avons vu, à bord d'un bâtiment atteignant le port de refuge, les matelots occupés à dégager l'ancre prise au milieu d'un bloc de glace qui s'était formé à l'avant.

La navigation des hautes latitudes est surtout dangereuse par la rencontre des montagnes de glace *(ice-bergs)* détachées de l'immense banquise polaire. Notre courageux et infortuné camarade Bellot en donne souvent la description dans le journal de son voyage à la recherche de sir John Franklin. Monté un jour dans la hune pour indiquer la route, il put compter près de deux cents ice-bergs énormes, que le vent du nord poussait vers le bâtiment.

Les tourmentes auxquelles on donne le nom de chasse-neige arrêtaient souvent les groupes dévoués qui, pendant l'hivernage, quittaient le navire pour aller à la découverte dans ces solitudes glacées. « Le vent, dit Bellot, fondait sur nous par rafales tellement fortes, que parfois hommes, chiens et traîneaux marchaient en arrière. Nous ne voyions pas à dix pas devant nous, et nous étions perdus si nous n'eussions trouvé la trace de nos pas des jours précédents. Dans une éclaircie, nous vîmes le navire, qui n'était pas à plus de cent cinquante mètres de nous; il nous fallut près de trois quarts d'heure pour l'atteindre, les gens du bord ne nous avaient pas aperçus. »

« Depuis une semaine, dit-il plus loin, nous avons un coup de vent continuel, avec le *snow-drift* (tourbillon de neige) tellement épais que nous ne savons si la neige tombe du ciel ou s'élève de terre soulevée par le vent. Le thermomètre est descendu à — 39 degrés centigrades. Cette brusque transition nous a trouvés d'autant plus sensibles, que la violence du vent rend l'impression du froid plus vive. La tempête éclate avec une rage toujours croissante, et la glace se brise avec des craquements que nous prenons plus d'une fois pour des cris de détresse de notre mâture qui s'agite et se courbe sous ses étreintes. Tout est blanc autour de nous, mais d'un blanc à donner le vertige. Au bout de quelques minutes de promenade, la vue se trouble, il semble que l'air s'épaississe, les ob-

jets perdent leurs formes, et l'on n'avance, après des
chutes sans nombre, qu'à tâtons, comme le plon-
geur dans un élément qui n'est pas le sien. »

Lorsque les courants du sud-ouest, après avoir
passé par-dessus les alizés, descendent dans nos
régions, ils y apportent les vapeurs de l'anneau de
nuages équatorial, et produisent aussi des tempêtes
qui, par différents caractères météorologiques, contrastent avec celles du nord. Les vents sont tout
aussi impétueux, mais sous un ciel toujours sombre
l'orage éclate et la pluie tombe à torrents. Les ravages des inondations sont alors à craindre. Pendant que la foudre allume l'incendie, les eaux entraînent les champs cultivés, les habitations, les
bestiaux, les hommes. La côte ouest de la France,
et surtout le golfe de Gascogne, sont, chaque année, le théâtre des plus affreuses tempêtes du sud-
ouest. Chacun a lu, dans le beau livre de M. Michelet, *la Mer*, l'émouvante description, terrible
comme la réalité, de la tempête d'octobre 1859.
Nous dirons plus loin tous les désastres de cette pé-

riode orageuse, pendant laquelle le *Royal-Charter*, bâtiment de la marine anglaise, fut englouti par un cyclone.

L'auteur de *Robinson*, Daniel de Foe, a donné* la plus complète description de la grande tempête de 1703, qui sévit une semaine entière, et qui, pendant l'effroyable nuit du 26 novembre, causa de si affreux ravages, non-seulement en Angleterre, sur nos côtes nord de l'Océan et sur les côtes de Hollande, mais encore dans presque toute l'Europe septentrionale. Par son extrême violence et par sa durée extraordinaire, cet ouragan, suivant toutes les relations, fut un des plus épouvantables dont on ait gardé la mémoire. Il commença par le sud et tourna, par l'est, vers le nord. L'amiral Fitz Roy attribue les sinistres si nombreux signalés dans les récits recueillis par de Foe, à une succession de cyclones.

Les coups de vent de sud-ouest sont souvent d'une extrême violence sur la rade de Brest. Il y a peu d'années, la goëlette la *Doris*, revenant d'une campagne lointaine, se dirigeait vers le mouillage,

* *The Storm,* etc, publié en 1704.

sous les yeux d'un groupe de parents et d'amis,
réunis sur l'esplanade qui domine la mer, lorsqu'une rafale soudaine fondit sur le navire. Les
voiles n'ayant pu être amenées à temps, on le vit
en peu d'instants s'incliner, remplir et sombrer,
devant ceux qui étaient venus joyeusement saluer
son retour. Les embarcations de sauvetage ne parvinrent à recueillir que quelques hommes, luttant
au milieu des vagues et des courants.

La transition des vents du sud-ouest à ceux du
nord est ordinairement très-dangereuse. Au sein
du noir amas de nuages apparaît une éclaircie; le
tonnerre retentit dans la même direction, et quelques instants de calme précèdent les rafales de la
renverse, qui arrivent impétueuses, commençant
une nouvelle tempête.

La note dont M. Marié-Davy, astronome de l'Observatoire de Paris accompagne les télégrammes
reçus pendant la tempête des 16, 17 et 18 octobre 1862, nous donne la description d'une lutte
entre le courant polaire et le courant tropical sur
toute l'étendue de l'Europe. Dès le 14, un centre

de faible pression barométrique se trouve entre Moscou et Riga, environné de zones concentriques à pressions croissantes avec la distance. L'air s'y porte de tous côtés. Le vent souffle du sud à Constantinople et à Nicolaïew, du sud-ouest à Vienne, de l'ouest à Copenhague. A Stockholm, à Haparanda, dans le golfe de Bothnie, il est nord-est, ce qui est déjà regardé comme un mauvais présage par M. Marié-Davy.

Le 15, la scène change complétement. Le vent a tourné du sud au nord à Moscou, à Nicolaïew, à Constantinople et du nord-est au nord-ouest à Haparanda. En même temps que la température montait de — 2°,8 à + 7°,8 (c'est-à-dire de 10°,6) dans cette dernière ville, la pression barométrique s'y élevait de 761 à 772 millimètres. Même ascension à Copenhague, Pétersbourg, Varsovie, Constantinople, tandis qu'une baisse sensible a lieu dans la partie occidentale de l'Europe. « Le contrealizé du sud-ouest se trouvait donc violemment refoulé vers le sol dans la région baltique et repoussé vers le sud au travers de la Russie. La France, l'Angleterre et l'Espagne restent encore à l'abri de cette violente perturbation, et cependant l'incertitude du baromètre et l'irrégularité du vent qui, en France, souffle des directions les plus opposées, montrent que le danger est proche. »

Le 16, en effet, la tempête éclate avec une très-grande violence. M. Marié-Davy montre que les signes avant-coureurs, déjà remarquables à Hapa-randa le 14, y devenaient encore plus évidents le 15, et étaient fortifiés par la chaleur accablante ressentie pendant toute cette journée en France. Il ajoute à ce sujet les réflexions suivantes : « La comparaison, faite sous tous leurs aspects, des obser-vations météorologiques recueillies sur les divers points du globe, est indispensable au météorolo-giste pour apprendre à lire dans les signes atmo-sphériques : rien ne peut suppléer chez lui à cette pratique de la science ; mais, ce n'est que sur le tableau de la situation générale de l'atmosphère à la même heure, sur une grande étendue de pays, qu'il peut pratiquement asseoir ses jugements et les rendre utiles à la marine et à l'agriculture. Sous ce rapport, l'Observatoire de Paris se trouve-rait dans d'excellentes conditions.

» De huit heures à midi, des renseignements peuvent lui parvenir des principaux points de l'Europe; à deux heures, les cartes de la situation du jour, à huit heures du matin, pourraient être dressées, et leurs éléments transmis aux principaux ports de la France et de l'étranger. Ce n'est point là un service nouveau à créer; il existe. Il suffirait de le compléter, comme l'a proposé le directeur de l'Observatoire. »

Transportons-nous maintenant dans les hautes latitudes de l'hémisphère austral. Sa calotte de glaces, beaucoup plus étendue que celle du Nord, s'appuie probablement sur des terres, dont quelques parties apparaissent, entourées par la banquise, et dominées par deux volcans en activité, l'*Érèbe* et la *Terreur*. Un océan profond, d'où surgissent quelques petites îles couvertes de laves et de scories, sépare cette région désolée des trois pointes continentales qui s'avancent vers elle. Les tempêtes formidables qui se forment dans ces vastes solitudes justifient l'effroi qu'elles ont inspiré pendant si longtemps aux navigateurs. Ces tempêtes ne viennent pas seulement du sud; les immenses cyclones qui ont ravagé Maurice et la Réunion arrivent quelquefois, à la fin de leur course, jusqu'au cap de Bonne-Espérance. Nulle part la mer n'est aussi tourmentée que sur le banc des Aiguilles. « Aux accores du banc, dit Dumont d'Urville, les lames atteignaient quatre-vingts, cent pieds de hauteur. Jamais je ne vis une mer si monstrueuse. Ces vagues ne déferlaient sur nous heureusement que de leurs sommités, autrement la corvette était engloutie.... Dans cet horrible combat, elle resta immobile, ne sachant à qui entendre. Par moments, les marins, sur le pont, étaient submergés. Affreux chaos qui ne dura pas moins de quatre heures de nuit.... un siècle à blanchir les cheveux !... — Telles sont les tempêtes australes, si terribles, que, même sur terre, les naturels qui les pressentent en sont épouvantés d'avance et se cachent dans leurs cavernes. »

Au Cap même éclatent des vents d'une violence extrême. Ils sont précédés, suivant Sparrmann, par l'apparition de quelques nuages plombés, à bords blancs, qui semblent suspendus au sommet de la montagne de la Table et de la montagne du Diable. Ces nuages sont d'abord très-petits, mais ils grossissent rapidement, et finissent par s'unir quand la tempête se déchaine et se précipite sur la mer.

Les vents de nord-ouest de l'hémisphère austral correspondent aux vents de sud-ouest de notre hémisphère, comme contre-alizés, mais ils sont animés d'une vitesse beaucoup plus grande. La théorie explique cette différence. On peut regarder les glacières des pôles comme d'immenses condensateurs qui précipitent la vapeur émanée des régions équatoriales. Plus ce lieu de précipitation est étendu, plus le dégagement de calorique latent est abondant, et plus, par suite, l'appel d'air est énergique. De là viennent les grandes brises d'ouest qui ont permis à Maury d'indiquer ses nouvelles routes d'Australie aux navigateurs. Ils s'y rendent maintenant d'Europe et des États-Unis en soixante jours, tandis qu'anciennement la traversée durait souvent dix mois. Le voyage de retour se fait plus rapidement par le cap Horn que par le cap de Bonne-Espérance, quoique la route soit beaucoup plus longue. On peut juger de l'humidité dont ces vents généraux sont chargés, par ce fait, qu'après les pluies de l'Inde à l'époque de la mousson d'été, celles des Andes Patagoniennes sont les plus abondantes du globe. Les subites dilatations d'air qui en résultent expliquent les grandes perturbations de cette région.

Rien de plus émouvant que l'attaque des banquises du sud par nos hardis explorateurs, assaillis par les soudaines tempêtes du pôle. « Le vent, dit Dumont d'Urville dans une de ses relations, avait continué à fraîchir au nord; une pluie de neige fondue tombait à larges gouttes. Le mugissement des vagues brisant sur les bords de la banquise se faisait entendre sans discontinuer, et la houle était devenue assez forte pour imprimer un mouvement d'oscillation très-sensible à toute la plaine glacée. C'était un spectacle imposant que celui de cette immense nappe solide se soulevant et s'abaissant alternativement tout autour de nous. On eût dit une vallée couverte de neige subissant les effets d'un tremblement de terre. Il fallait veiller avec plus de soin que jamais aux glaçons, que ces ondulations faisaient bondir contre les flancs de notre pauvre corvette. »

Cette expédition est la dernière que notre marine ait tentée dans les régions polaires. Les deux bâtiments qui l'entreprirent, l'*Astrolabe* et la *Zélée* montée par le commandant Jacquinot, furent enfermées dans les glaces et ne durent leur salut qu'à une bourrasque du sud qui leur permit de se dégager. Dumont d'Urville cite l'extrait suivant du journal de son second, le commandant Roque-maurel : « .... Sans perdre courage, on travailla à mettre en pièces le gros bloc qui nous barrait le passage. L'opération fut longue et pénible; on ne saurait trop louer l'ardeur et la patience dont l'équipage de l'*Astrolabe* donna la preuve. Tant d'efforts ne restèrent pas sans résultat. La corvette, délivrée de l'énorme glaçon qui lui résistait, obéit peu à peu à l'impulsion du vent et commença à s'ébranler en chassant devant elle un monceau de débris. Nos sapeurs, armés de pioches et de pics, écartaient les fragments pour nous faire un pas-sage, ou les refouler sous l'étrave qui achevait de les broyer. Le navire, acquérant par degrés une vitesse sensible, fut dès lors capable de cheminer dans cette mer solide. La route était hérissée de ces vieilles glaces bleues qui avaient déjà vu plu-sieurs hivers, et dont la masse semblait devoir nous arrêter. Souvent on manœuvrait pour les éviter, mais nous avancions si lentement que le

7.

gouvernail n'était d'aucun effet. Quelquefois même la carène était tout entière encastrée dans une ornière de glaces, et l'orientement des voiles ne suffisait plus pour diriger le navire. Il fallait alors s'arrêter, élonger des amarres devant et derrière pour faire évoluer la corvette, et diriger le cap vers la partie de la plaine qui semblait la plus dégagée, et surtout la moins épaisse. Parvenu dans un canal moins obstrué, le navire prenait bientôt de la vitesse et se ruait sur les glaçons. Enfin, à quatre heures du soir, nous touchâmes la limite de la banquise, après avoir mis six heures à parcourir moins de deux milles, par une forte brise qui faisait ployer notre solide mâture. »

Les travaux qui ont été faits à l'Observatoire de Washington sur la distribution géographique des tempêtes, ont montré que, même dans les parages du cap Horn et du cap de Bonne-Espérance, elles ne sont ni aussi fréquentes, ni aussi violentes que dans certaines régions de l'hémisphère boréal : les côtes atlantiques de l'Amérique, une partie de la

région nord du Pacifique et les mers de la Chine.
Le contraste des montagnes et des plaines, des
forêts et des déserts, les formes variées des côtes,
exercent une grande influence sur les perturbations
atmosphériques dans nos contrées septentrionales,
influence beaucoup moins sensible au-dessus des
vastes surfaces maritimes du sud. Les courants
chauds ou froids de la mer constituent aussi des
éléments essentiels, quand on veut comparer les
différentes régions du globe sous le rapport des
tempêtes. Ainsi le Gulfstream porte les eaux
chaudes de la mer des Antilles jusqu'à la zone
glaciale; l'Amérique du Sud voit arriver près de
ses côtes le grand courant océanique qui prend
naissance dans le golfe de Guinée; et le courant
du Japon, le *Fleuve Bleu*, fait sentir son action
jusque sur les côtes occidentales de l'Amérique.
Un courant glacé descend par le détroit de Davis
vers les parages de Terre-Neuve. Au pôle sud un
semblable courant se dirige vers le cap Horn, où
il se divise en deux branches qui remontent les
deux côtes de l'Amérique méridionale.

L'atmosphère participant aux variations de température de l'Océan, on comprend que plus ces

variations sont brusques, plus aussi les coups de
vent sont fréquents. Sur tout le trajet du Gulfstream, dont les chaudes vapeurs s'élèvent dans
des régions plus froides, on rencontre de violentes
tempêtes, rendues plus redoutables par l'épouvantable mer qui résulte fréquemment de la lutte
des vagues contre le courant. Nous citerons à ce
sujet un fait remarquable, qui donna au commandant Maury l'occasion d'une démonstration pratique de l'utilité de ses recherches sur la géographie
physique de la mer.

En décembre 1853, un grand bâtiment à vapeur,
le *San-Francisco,* partait de New-York pour la Californie où il transportait environ huit cents hommes
de troupes américaines. Aux abords du Gulfstream,
il fut désemparé par un si furieux coup de vent,
qu'une seul lame, balayant son pont, entraîna et
noya deux cents hommes. Aperçu dès le lendemain par un bâtiment dont il ne put recevoir aucun secours à cause du gros temps, il fut signalé à
New-York, où plusieurs capitaines voulurent partir
aussitôt pour aller au secours de leurs compa-
triotes. Mais où les rencontrer? Quelle route suivre
pour atteindre et sauver les naufragés? On fit

appel à l'Observatoire de Washington, et Maury put immédiatement déterminer sur une de ses cartes les limites entre lesquelles devait se trouver le bâtiment. Arrivé au lieu indiqué, on aperçut en effet le *San-Francisco*, qui coulait bas d'eau, et qui sombra peu de temps après le sauvetage de son équipage et des passagers.

Au nombre des tempêtes les plus redoutables, on peut ranger celles qui s'élèvent dans les déserts, dans les immenses océans de sable où la lutte est impossible, où l'effort de l'homme reste impuissant devant le choc irrésistible de l'avalanche enflammée. Couché contre terre, il voudrait arrêter sa respiration, mais une poussière brûlante l'étouffe, et bientôt l'ensevelit sous les couches épaisses que l'ouragan soulève. Ces tourbillons que l'on nomme Simoun en Afrique et Samiel en Asie, s'annoncent à l'horizon par l'apparition d'une grande nuée rouge qui couvre rapidement le ciel, ainsi que nous avons pu le voir à Tunis et à Tripoli. Une forte tension électrique accompagne souvent ce phénomène, qui se termine alors par un orage.

Pendant ces tempêtes du désert, la mortalité augmente en Égypte, à cause des maladies qu'elles provoquent. Les nuages de sable sont fréquemment emportés vers la mer Rouge et vers la Syrie. On a pu constater un fait qui montre avec quelle facilité les vents transportent la poussière à de grandes distances. Celle qui tombe parfois près des îles du Cap-Vert, obscurcit tellement l'air qu'elle produit les *brumes rousses*. Enlevée par des tourbillons aux plaines desséchées du Brésil et de la Guyane, elle nous arrive par le grand courant du sud-ouest qui passe au-dessus des alizés. Ce trajet a été rendu évident par les recherches microscopiques d'Ehrenberg, qui ont prouvé que les débris d'infusoires dont se composent ces poussières, appartiennent à l'Amérique du Sud. On a observé ce phénomène jusqu'à Gênes et à Lyon, où il donnait à certaines tempêtes un caractère étrange qui frappait de terreur les populations. Les poussières étant généralement de couleur rouge, produisaient par leur mélange avec les vapeurs de l'atmosphère, la *pluie de sang* des récits légendaires. C'est une des plaies dont l'Égypte fut frappée au temps de Moïse. Les comptes rendus de l'Académie des sciences font mention d'une pluie rouge qui tomba dans toute la partie sud-est de la France, en octobre 1846. Les feuilles des arbres semblaient couvertes de sang ainsi que les pâturages, d'où les paysans épouvantés se hâtaient de retirer leurs bestiaux. Une affreuse tourmente ajoutait à l'effroi général et donnait à la nature entière le plus sinistre aspect. Des oiseaux réunis en grandes bandes se réfugièrent dans les habitations. M. Fournet, de Lyon, en rassemblant pour les communiquer à l'Académie, les documents relatifs à ce phénomène, établit qu'il avait pris son origine dans la Guyane, s'était étendu de là jusqu'à New-York et avait ensuite traversé l'Atlantique par la ligne des Açores. Un calcul estimatif a montré que la matière terreuse transportée ainsi en France seulement, à travers un intervalle de deux mille lieues, représentait un poids d'environ sept millions de kilogrammes.

Le 1er mai 1863, une pluie terreuse qui s'est produite dans la plaine du département des Pyrénées-Orientales a couvert la campagne d'une poussière rougeâtre ; sur les montagnes la pluie était transformée en neige de couleur rouge. Le même jour, un phénomène semblable s'est passé sur plusieurs points du littoral de la Méditerranée. L'analyse faite par M. J. Bouis de divers échantillons complétement identiques par l'aspect et la compotion, a donné les résultats suivants. La poussière recueillie est due à des marnes argileuses ferrugineuses, mêlées de sable micacé très-fin. Cette poussière, en traversant l'atmosphère, a balayé en quelque sorte, selon l'expression de Bergman, toutes ses immondices et s'est chargée de matière organique. M. Bouis considère ces terres comme utiles pour l'agriculture, et l'on pourrait les appeler, sans trop d'exagération, des *pluies d'engrais*.

D'autres faits singuliers qui doivent être également expliqués par une action très-violente du vent ou par le passage des trombes, ont fourni une ample matière aux superstitions populaires. Nous voulons parler des pluies de soufre, de cendres, de poissons, de crapauds, etc.

Dans la question si obscure encore des aérolithes, l'attention doit se porter surtout sur les observations de pluies et de neiges noires, qui ont été mentionnées à différentes époques. Plusieurs fois, ces phénomènes ont été accompagnés de bruits et

de flammes. Pendant la chute d'une poussière
noire aux environs de Constantinople, en 472, le
ciel, dit Procope, semblait brûler. Des pierres météoriques tombent souvent au milieu de ces poussières ferrugineuses, quelquefois si abondantes que
le ciel en est obscurci. D'après Humboldt, les aérolithes se forment assez rarement sous un ciel serein ;
la plupart du temps, un nuage très-obscur apparaît
subitement et les masses météoriques sont précipi-
tées sur le sol au milieu d'une forte explosion.
On a vu quelquefois ces nuages parcourir des contrées entières et en semer la surface de milliers de
fragments.

Le commandant Maury se sert du transport des
poussières comme d'un argument puissant en faveur de son système de circulation générale de
l'océan aérien. Les vents ainsi *étiquetés* permettent
de reconnaître une même portion de l'atmosphère
dans deux lieux différents du globe, et, par suite,
de suivre le croisement des courants aériens dans
les zones de calme.

Une des fonctions de cette circulation générale
est de maintenir par un mélange continuel l'unité
de composition de l'air, et, par conséquent, les

conditions essentielles de la vie à la surface du
globe. Elle opère l'absorption des gaz délétères
dans le vaste laboratoire atmosphérique, et fait en
même temps pénétrer partout les éléments de fécondité créés par les orages. Par les vents généraux, par les tempêtes mêmes, elle porte les vapeurs de l'Océan vers les plaines, vers les forêts,
vers les montagnes où elles alimentent la source
des fleuves. L'atmosphère nous apparaît ainsi
comme un ensemble de forces merveilleusement
combinées, qui jusque dans leurs plus redoutables
perturbations, montrent avec évidence les bienfaisants desseins de l'Intelligence suprême.

M. Jean Reynaud a exprimé la même pensée
dans sa grande œuvre de philosophie religieuse
Terre et Ciel, où, en face de l'antique croyance aux
dieux vengeurs, il place la foi consolante qui, ap-
puyée sur l'Évangile, affermie par la science et
par la raison, nous apprend à reconnaître la Providence même au milieu des bouleversements devant lesquels, dans la sombre nuit des siècles
d'ignorance, nous doutions de la justice et de la
bonté divines.

« ... Le vent hurle, les arbres gémissent, la pluie

fouette avec furie; les nuages, chassés par la tempête, semblent raser le sol et s'entassent sans intervalle l'un sur l'autre; pas une ouverture, pas
une étoile, pas un rayon d'en haut; on dirait que
nous sommes emprisonnés entre la terre et une
voûte épaisse qui nous sépare des cieux : bruit et
agitation dans les ténèbres, voilà pour nous, en
ce moment, toute la nature! Qui pourrait voir les
fleurs de nos champs, les trouverait sans doute
bien à plaindre : battues par les rafales, froissées,
souillées, tourmentées, elles paraîtraient au sup-
plice. Mais la crise qui les agite n'est qu'une intem-
périe passagère; demain le calme renaîtra, l'atmosphère resplendira de nouveau, et les plantes,
qui périssaient aujourd'hui de chaleur et de sécheresse, rafraîchies, grâce à ces violences éphémères,
relèveront au soleil leurs tiges plus verdoyantes et
plus fermes, et leurs corolles épanouies. Telle est
l'image des colères de Dieu : ses vengeances mêmes
sont des bienfaits. »

VIII

RAS DE MARÉE. — TREMBLEMENTS DE TERRE.

La découverte des lois du mouvement rhythmé qui se produit dans l'Océan sous l'influence des attractions sidérales, est un des plus beaux triomphes de la science. L'exacte prévision de l'heure et de la hauteur des marées n'est limitée que par l'intervention des grandes forces atmosphériques à la surface des mers ou par les mouvements que l'action volcanique du globe imprime à leurs bassins. Les perturbations qui dérivent de ces causes sont rares, mais leur violence est parfois comparable à celle des cataclysmes qui ont si profondément frappé l'esprit des peuples primitifs, et ont laissé de si profondes traces dans leurs traditions.

Les côtes basses de la Hollande et du Danemark, dans la mer du Nord, ont souvent éprouvé la puissance de destruction des grandes marées,

combinées avec les coups de vent de nord-ouest
qui règnent dans ces parages. Depuis les premiers
siècles de l'ère chrétienne, sept des vingt-trois îles situées entre les embouchures de l'Elbe et du Rhin,
ont disparu. Le grand golfe du Zuyderzée ne date
que du xiiie siècle ; celui de Dollart, du xvie, lors
de la destruction de la ville de Torum ; au xve a été
ouverte la baie de Bies-Bosch, au fond de laquelle
sont engloutis vingt-deux villages. A ces terribles
assauts la Hollande oppose vaillamment ses digues
et l'indomptable patience d'une race intrépide et
laborieuse, habituée à braver les violences de la
mer du Nord.

La péninsule de Nord-Friesland, florissante au
moyen âge, n'a été détachée du continent que vers
la fin du xiiie siècle. Séparée depuis en plusieurs
îles, elle avait encore, au commencement du xvii^e
siècle, 9,000 habitants, de riches pâturages et
d'immenses troupeaux. En 1634, une haute mer
d'automne, poussée par la tempête, enleva en une
seule nuit 1,300 maisons, 6,000 habitants et
50,000 têtes de bétail. Il ne reste plus aujourd'hui
de ce groupe d'îles que trois écueils rongés par les
vagues et qui bientôt auront aussi disparu.

On doit peut-être rapporter à une semblable
irruption de l'Océan la destruction des villes qu'une
antique tradition des Celtes place sur les côtes de
Bretagne, entre la Loire et la Seine. On montre
encore à la pointe de Penmarch des pierres drui-
diques que les basses mers d'équinoxe laissent
apercevoir, sous près de vingt pieds d'eau, à plus
d'une lieue au large.

Les côtes de la Manche ont été récemment menacées par les hautes mers que les tempêtes d'automne avaient soulevées. Pendant l'ouragan du
19 décembre 1862, les dunes et les digues submergées en plusieurs points, les excavations des
falaises, les jetées des ports démolies, ont montré
la puissance extraordinaire des vagues. Près du
cap la Hêve, une masse de terre évaluée à trois cent
mille mètres cubes a été enlevée. La grande falaise,
voisine de Douvres, qui portait le nom de Shaks-
peare, s'est écroulée dans la mer avec un horrible
fracas. Diverses parties de la côte ont pu craindre
une invasion des eaux aussi désastreuse que celle
qui, peu de temps auparavant, avait couvert une
partie des côtes nord de l'Angleterre.

Les violentes tempêtes de la mer du Nord sont

fréquemment la cause d'un abaissement ou d'une
élévation extraordinaire des eaux, qui produisent
des phénomènes analogues à celui dont Léopold
de Buch a donné la description dans son *Voyage
en Norwége et en Laponie* : « Au delà de Stegen,
on traverse le Westfiord, golfe dangereux par la
rapidité des courants qui se forment entre la multitude des îles dont ses côtes sont semées. Le flux
et le courant général qui vient du sud, y pénétrant ensemble, poussent par les détroits formés
par ces îles une masse d'eau si considérable, que,
ne pouvant s'écouler assez vite, elle s'y gonfle en
torrents impétueux. Lorsque le reflux se fait sentir, ce torrent prend une direction contraire, et le
moindre vent du sud, qui le retarde par sa résistance, augmente encore sa furie. Dans les points
où le détroit se resserre davantage, cette lutte terrible forme un véritable gouffre. Tel est celui qui
est si fameux sous le nom de Maelstrœm, près de
Moskensoe et Varoe. Le Maelstrœm n'est réellement redoutable que lorsque le vent de nord-ouest
souffle en opposition avec le reflux. Alors les vagues se soulèvent, forment des tournoiements, et
entraînent dans l'abîme les poissons et les bateaux

qui s'en approchent. On entend, à plusieurs milles au large, le mugissement du courant. »

A la rencontre des fleuves avec la mer, se forment presque toujours des barres dangereuses. Quand une large embouchure se rétrécit rapidement, les eaux de la marée montante s'y amoncellent dans un temps très-court et produisent, en arrêtant le courant, une vague haute et rapide qui, déferlant avec grand bruit, remonte le fleuve, dont elle inonde souvent les rives. Ce phénomène, connu sous le nom de *mascaret*, prend dans certaines régions les plus grandes proportions et cause de véritables désastres. Ainsi, dans les mascarets de l'Amazone, on voit se succéder plusieurs lames, dont la première a quinze pieds de hauteur, et atteint une vitesse de dix-huit milles à l'heure. On peut calculer d'avance les époques où le mascaret atteint son maximum et se mettre en garde contre ses dangers, comme on le verra dans le récit suivant d'un voyageur en Chine, le docteur Macgowan :

« A l'approche du flot, la foule se rassembla dans les rues qui sont à angle droit avec le fleuve (Tsien-Tang), mais à une certaine distance. J'étais

placé sur la terrasse d'un temple d'où je pouvais
embrasser la scène entière. Tout trafic fut sus-
pendu, les marchands cessèrent de crier leurs
marchandises, les porteurs laissèrent le décharge-
ment des navires, qu'ils abandonnèrent au milieu
du courant, et un moment suffit pour donner l'apparence de la solitude à la cité la plus laborieuse
parmi les laborieuses cités de l'Asie. Le centre du
fleuve fourmillait de bateaux de toute espèce. Bientôt le flot annonça son arrivée par l'apparition d'un
cordon blanc s'étendant d'une rive à l'autre. Son
bruit, que les Chinois comparent au tonnerre, fit
taire celui des bateliers. Il avançait avec une prodigieuse vélocité que j'estimai à trente-cinq milles à
l'heure, et avait l'apparence d'un mur d'albâtre, ou
plutôt d'une cataracte de quatre à cinq milles de long
et d'environ vingt pieds d'élévation, se mouvant
tout d'une pièce. Bientôt il atteignit l'avant-garde de
cette flotte qui attendait son approche. Ne connaissant que la barre de l'Houghly, dont on a tant
de peine à se préserver et qui chavire souvent les
bâtiments, j'avais de fortes appréhensions pour la
vie des équipages. Lorsque ce mur flottant arriva,
tous étaient silencieux, attentifs à maintenir l'avant

tourné vers la vague qui semblait vouloir les engloutir, mais sur le dos de laquelle ils furent portés sains et saufs. Le spectacle était très-émouvant
au moment où le flot avait passé sous la moitié de
la flottille. Une partie des bâtiments reposait sur
une eau parfaitement tranquille, tandis qu'à côté,
au milieu d'un épouvantable tumulte, les autres
sautaient dans cette cascade comme des poissons
agiles. Cette grande scène ne dura qu'un moment.
Le flot courut encore en diminuant de force et de
vitesse, et ne cessa d'avancer qu'à une distance de
la ville évaluée à quatre-vingts milles. »

Les ras de marée ne sont soumis à aucune loi
de périodicité ; ils apparaissent dans les circonstances atmosphériques les plus différentes, tantôt
au milieu de la tempête, tantôt par un temps
calme et un ciel serein. La mer est soulevée à une
grande hauteur au-dessus de son niveau, et tellement ébranlée par de soudaines commotions, que,
même loin du rivage, les rochers et les galets du
fond s'entre-choquent à grand bruit. Des courants
croisés, des vagues tumultueuses sont les seuls signes
qui marquent le passage des ras de marée en
pleine mer ; mais, sur les côtes, le choc violent des

masses d'eau produit fréquemment des désastres.

Dans son voyage autour du monde sur la corvette la *Favorite*, le commandant de Laplace donne la description de l'effroyable ras de marée qui, durant un cyclone, engloutit la ville de Coringa et vingt mille de ses habitants. « Une seule journée vit anéantir Coringa; un phénomène affreux la réduisit à ce qu'elle est maintenant. Dans le mois de décembre 1789, au moment où une grande marée atteignait sa plus forte hauteur, et pendant que le vent du nord-est, soufflant avec fureur, amoncelait les eaux dans le fond de la baie, les malheureux habitants de Coringa aperçurent avec effroi trois lames monstrueuses venant du large et se succédant à peu de distance. La première, renversant tout sur son passage, se précipita dans la ville et y jeta plusieurs pieds d'eau; la seconde, augmentant ces ravages, inonda dans un instant ce pays bas et uni; enfin, la dernière lame submergea et anéantit tout sous un amas de sable et de boue. »

Nous recevons, au moment où nous écrivons ces lignes, des nouvelles de la Réunion, contenant la description de l'ouragan qui a passé sur cette île le

2 février 1863, et pendant lequel la mer énorme, soulevée par un ras de marée, a causé de grands ravages : « Les vagues, dit le *Moniteur de la Réunion*, étaient devenues des montagnes ; elles s'élançaient par-dessus la jetée du Barachois, envahissaient la place et refluaient jusqu'aux bâtiments de la douane.

» A huit heures et demie, le pont Palmas s'abîmait dans les flots. Une demi-heure après, le pont en fer subissait le même sort, et, à neuf heures et demie, les ponts Labourdonnais, Perrichon et Moreau disparaissaient à leur tour sous les assauts répétés d'une mer horrible.

» Pendant ce temps, les lames avaient précipité dans le bassin du Barachois l'énorme grue et les constructions qui se trouvaient à l'entrée du port. Le poste de la douane était traîné par la seule force des vagues sur toute la largeur du quai et acculé aux bâtiments de la direction.

» Dans la journée, la jetée livrait passage aux vagues par deux larges brèches, et toutes les embarcations abritées dans le bassin étaient brisées. »

Au mois de juillet 1862, les bords de la rivière de Canton furent dévastés par un typhon accompagné d'un effroyable ras de marée. La flottille de commerce perdit un très-grand nombre de navires. Cinquante jonques de guerre, ancrées dans la rivière, furent submergées par la lame, et plus de six cents hommes des équipages périrent. Les eaux s'engouffrèrent dans les rues de Canton, abattant des maisons, des édifices et déracinant des arbres séculaires. On trouva un navire transporté à plus d'un mille dans les champs. Dix mille cadavres furent recueillis.

Les inondations causées par les tremblements de terre sont encore plus terribles. La masse des eaux, tantôt se retire du rivage, tantôt revient le heurter avec furie, renversant tout devant elle. Ce bouleversement ne dure qu'un instant, et le calme renaît; mais des villes entières ont été englouties par la mer avec une partie de leurs habitants.

D'après les notes d'un officier russe, insérées dans le *Nautical Magazine*, le 23 décembre 1854, à neuf heures quarante-cinq minutes du matin, les

8.

premières secousses d'un tremblement de terre
furent ressenties sur la frégate *la Diana*, à l'ancre
dans le port de Simoda, au Japon. Un quart
d'heure après, on aperçut au large une grande
vague qui pénétra dans le port, et la mer s'élevant
rapidement sur la plage, la ville parut submergée.
Cette vague fut bientôt suivie par une autre; après
leur retrait, à dix heures quinze minutes, il ne
restait plus debout dans la ville, entièrement détruite, que les murailles d'un temple inachevé. Ces
vagues continuèrent à se succéder jusqu'à deux
heures trente minutes de l'après-midi. La frégate,
après avoir touché cinq fois le fond, finit par sombrer. Dans l'espace de cinq minutes, l'eau avait
baissé de vingt pieds. Surprises par la catastrophe,
beaucoup de personnes perdirent la vie; sur le rivage, de nombreuses habitations furent englouties par la mer et une grande quantité de jonques
brisées. On retrouva les débris de l'une d'elles à
deux milles dans l'intérieur des terres. Le temps
était magnifique; aucun indice n'avait annoncé
cette convulsion.

En rapportant ce fait, le commandant Maury
ajoute qu'à San-Francisco et San-Diego, les

échelles de marée indiquèrent une succession de
grandes vagues arrivant sur la côte de Californie;
leur origine était probablement la même que celle
des vagues extraordinaires qui venaient de détruire
la ville de Simoda.

Lors du tremblement de terre de Lisbonne, la
mer, laissant son lit à découvert, se retira loin de
la côte, et, après un instant, revint sur elle-même,
formant une monstrueuse vague de soixante pieds
de hauteur. Cette énorme oscillation se fit sentir
en Irlande, sur les côtes du Maroc, aux Canaries,
et causa partout d'immenses désastres.

Au mois de mars 1856, l'île de Sangir, faisant
partie du groupe de la Malaisie, était ravagée par
une éruption volcanique, dont la durée et la violence offrent bien peu de précédents.

« La partie nord-ouest de Sangir est formée par
les monts Awu, au milieu desquels se dressent
plusieurs pics volcaniques, dont le plus élevé atteint une hauteur de treize à quatorze cents mètres
au-dessus du niveau de la mer. Le 2 mars, entre
sept et huit heures du soir, un affreux déchire-
ment, accompagné de détonations successives se
fit entendre, et une éruption formidable éclata tout

à coup, sans avoir été annoncée par aucun signe
précurseur. Au même instant, des torrents de lave
s'élancèrent avec une force irrésistible dans toutes
les directions, entraînant dans leur course ardente
tout ce qui s'opposait à leur passage, et faisant
bouillonner les flots de la mer, qui reculaient devant eux. Comme si la lave n'avait pas suffi à cette
œuvre de destruction, d'innombrables jets d'eau
bouillante se firent jour de toutes parts, saccageant
tout ce qu'elle épargnait dans sa course.

» Bientôt la mer, se gonflant à son tour; vint se
briser en véritables montagnes d'écume sur les
rochers.

» Pendant des heures qui parurent des siècles,
les cris de terreur de la population et les hurlements
des animaux se mêlèrent aux grondements d'une
tempête affreuse, qui avait éclaté au moment même
de l'irruption.

» Pour ajouter à l'horreur de cette scène, une
épaisse et noire colonne de cendres et de pierres
s'élança du cratère de la montagne à une hauteur
prodigieuse, et une nuit profonde s'étendit sur
toute la contrée. La foudre seule sillonnait par
intervalles l'obscurité, devenue si intense que

les malheureux habitants, frappés de stupeur,
ne pouvaient distinguer la terre, même à leurs
pieds.

» Le petit nombre de maisons et de cultures
épargnées par le feu ou par l'eau bouillante, ne
tardèrent pas à être écrasées par la chute de véritables rochers et par une avalanche de pierres de
moindre grosseur, lancées du sein du cratère. La
quantité de ces projectiles devint si prodigieuse,
qu'ils formèrent en tombant des barrières naturelles assez épaisses pour s'opposer à l'écoulement
des eaux, dont les torrents se changèrent en lacs.

» Le cataclysme dura plusieurs heures. Vers
minuit, le travail souterrain du volcan parut s'arrêter; mais, le lendemain, à midi, l'œuvre de destruction recommença avec une violence nouvelle,
et la pluie de cendres tomba sans interruption de
manière à obscurcir complétement les rayons du
soleil.

» Le 17 mars, après quelques jours d'arrêt, une
troisième éruption ravagea les plaines du côté de
Tabukan, et, depuis cette époque, le cratère ne
vomit plus de cendres; la lave a cessé de couler.
Des flots de fumée s'échappant par de nombreuses

fissures, indiquent seulement que l'intérieur du volcan est toujours en fermentation.

» Le village de Kandhar, séparé de la base de la montagne par un promontoire, a dû à cette circonstance de ne pas être complétement détruit ; mais il a beaucoup souffert par la chute des pierres et des cendres, que l'ouragan poussait jusqu'à des distances énormes.

» Près de trois mille personnes ont péri, et presque toutes ont été atteintes au milieu des jardins, où elles se délassaient, en famille, des travaux de la journée, lorsque la première éruption est venue répandre sur cette malheureuse contrée la destruction et la mort. »

On a donné pour cause aux tremblements de terre et aux éruptions volcaniques la chaleur centrale du globe, l'explosion de gaz comprimés qui ne trouveraient plus issue par le cratère des volcans, accidentellement obstrués par des blocs de roches primitives. Dans sa remarquable *Théorie des tremblements de terre et des volcans*, M. Ferd. Hœfer propose une explication nouvelle : « Comment, dit-il, l'action des gaz pourrait-elle expliquer ces secousses qui se font sentir presque

instantanément dans des localités de latitude et de
longitude très-différentes ? Comment expliquer par
là ces déchirements capricieux du sol, ces masses
de poissons tués en pleine mer, cette fusion de
chaînes d'ancre (du navire le *Voland* dans le tremblement de terre de Callao, le 30 mars 1828), ces
transports instantanés de meubles d'un lieu à un
autre, ces détonations, ces oscillations dont on a
essayé de mesurer les ondes, cette frayeur des animaux, avant même que le sol tremble; enfin comment expliquer par le feu central et par la seule
action des matières inflammables toutes ces singu-
larités dont fourmillent les récits des tremblements
de terre ? » M. Hœfer classe ces désastreux bouleversements parmi les phénomènes électriques, et
il propose, très-justement selon nous, de diviser
les orages en trois espèces : 1° les *orages atmosphériques,* ou orage proprement dits ; 2° les *orages
souterrains* ou *terrestres ;* 3° les *orages mixtes,* fon-
dés sur le passage de l'électricité de la terre à
l'air, ou de l'air à la terre. C'est pendant ces derniers que la surface de la terre éprouve de si terribles secousses, et qu'on voit fréquemment l'ouragan surgir. Aux violences de la tempête, aux

éclats de l'orage se joignent alors les soulèvements
du sol et le grondement formidable de la foudre
souterraine.

L'amiral Fitz Roy donne, dans le *Weather-Book*
la description d'un ingénieux instrument, par lequel on peut être averti des tremblements de terre :

« L'*Alarum*, dont on se sert au Japon pour
donner ces avertissements, consiste en un grand
aimant, fixé horizontalement en travers d'un support placé sur le sol; d'un crochet ou fer à cheval,
attaché par l'attraction seule à l'aimant, part un
cordon de soie qui va s'enrouler sur un cylindre,
dont l'axe mobile repose sur le support vertical de
l'aimant. Un second cordon, retenu autour de cet
axe, soutient un battant de cloche, sous lequel se
trouve un gong *.

» Le but de cette disposition a été ainsi expliqué
au lieutenant O' B. Fitz Roy par les ambassadeurs
japonais, ou du moins par leur interprète, pendant
les loisirs d'une longue traversée à bord du bâtiment de l'État l'*Odin* :

---

* Le gong, instrument de musique des Orientaux, est une
plaque de métal dont on tire des sons éclatants, en le frappant
avec une baguette.

« Avant les tremblements de terre, le sol étant
» chargé d'électricité, l'attraction du gong, de
» forme sphérique, devient plus forte que celle de
» l'aimant; le fer à cheval se détache, et le battant
» vient frapper le gong avec un son retentissant,
» qui se fait entendre à de grandes distances, aver
» tissant chacun de chercher un refuge sur des
» lieux découverts. »

Sans attacher trop d'importance à cette très-
curieuse et très-ancienne invention, l'amiral Fitz
Roy rappelle que les effets extraordinaires produits
sur les oiseaux et autres animaux aux approches
d'un tremblement de terre, doivent être attribués
à une action électrique; aucune variation atmosphérique n'ayant été observée même pendant
quelques-uns des plus violents tremblements,
tels que celui du Chili, en 1835, et celui de
Simoda.

D'un autre côté, les très-intéressantes recherches
de M. Mallet, citées par le savant amiral, semble-
raient établir une remarquable connexion entre la
direction circulaire de certaines secousses et les
courants de l'électricité terrestre, qui paraissent
être aussi en étroite liaison avec les courants atmo-

sphériques. De tels rapprochements doivent être signalés; ils ouvrent de larges horizons à l'investigation scientifique et peuvent conduire à découvrir la cause des phénomènes.

IX

CYCLONES

La marche régulière des vents alizés est modifiée par les moussons dans les mers voisines des
déserts. Au-dessus du sol aride, frappé d'aplomb
par les rayons du soleil, l'atmosphère devient une
ardente fournaise. L'air dilaté forme un vide vers
lequel se précipitent de puissants courants, qui,
dirigés en sens contraire et dans certaines conditions, donnent naissance à d'énormes tourbillons.
Ces tourbillons, en se déplaçant par l'action des
forces qui résultent du mouvement diurne de la
terre, rencontrent la surface de l'Océan, où l'éva-
poration et, par suite, la tension électrique, déve-
loppent sur les divers points de leur vaste contour
tous les météores observés dans les trombes. Ils

constituent alors ces tempêtes d'une violence extraordinaire, qui ont été appelées *cyclones* par Piddington, un des savants qui en ont fait la plus
complète étude.

Leur origine leur assigne des régions spéciales
où ils sont désignés par différents noms : ouragans
(Hurracan) (8) dans l'océan Indien et l'Atlantique;
typhons (Tyfoon) dans la mer de Chine; simoun
dans le désert; tornades sur la côte occidentale
d'Afrique. Ces derniers ne s'étendent qu'à une
petite distance de leur point de formation et n'ont
qu'un diamètre restreint, tandis que tous les autres
peuvent couvrir, dans leur plus grand développement, une surface circulaire dont le rayon varie
de cent jusqu'à six cents milles.

Des signes météorologiques annoncent longtemps à l'avance ces formidables tempêtes. Le
baromètre, dont la marche diurne est ordinairement si régulière dans la zone intertropicale,
éprouve une altération déjà sensible, même quand
le cyclone est encore éloigné de 8 à 900 milles.
Les oscillations du mercure paraissent produites
par le passage d'ondes aériennes alternativement
condensées et dilatées. Sous l'effort de l'ouragan

une immense partie de l'atmosphère est entrée
en vibration. Bientôt aussi une longue houle
se lève ; la mer brise sur les rochers et les couvre
d'écume.

Durant cinq ou six jours de nombreux cirrhus
se forment dans le ciel encore clair. Ces nuages
légers et très-élevés, qu'on croit composés de fines
aiguilles de glace, se dissolvent bientôt en une
couche blanchâtre, laiteuse, dans laquelle on voit
fréquemment des halos. De lourdes nuées lui succèdent, en même temps qu'une panne sombre se
montre à l'horizon.

Tous les observateurs parlent de l'étrange couleur que revêtent les nuages au lever et au coucher du soleil. L'aspect du ciel est menaçant. Un
brouillard rouge, qui teint à la fois la mer et le
ciel, s'étend sur tous les objets, et donne au soleil
cette couleur sanglante que Virgile, dans ses *Géorgiques*, indique comme un signe précurseur des
tempêtes. Le phénomène, assez rarement il est
vrai, dure pendant la nuit, aux clartés de la lune,
et la mer se couvre en même temps de lueurs phos-
phorescentes.

Quelquefois le vent alizé, qui soufflait en brise

régulière, tombe pendant vingt-quatre heures; le
calme règne, interrompu seulement par quelques
bouffées d'air chaud, étouffant. La nature semble
réunir toutes ses forces pour accomplir l'œuvre de
dévastation qui va marquer le passage du funeste
météore.

Chacun se réfugie dans les endroits les moins
élevés et les plus couverts, quelquefois dans une
maison d'ouragan, solidement construite en pierres
de taille. L'impression produite sur les animaux
est surtout remarquable. Ils semblent agités par
une vive anxiété. Les oiseaux de mer rallient de
toutes parts la terre, où ils cherchent un abri contre
les fureurs de la tempête qu'ils pressentent.

Le banc de nuages noirs aperçu à l'horizon se
couronne souvent d'une immense flamme électrique. Dans la mer de Java, suivant Piddington, des
éclairs multipliés *s'en écoulent*, semblables à une
cascade lumineuse. Quelquefois des rayons s'élèvent simultanément au-dessus d'une frange pour-
prée, comme dans les aurores boréales. Le docteur
Peyssonnel *, apercevant de la Grande-Terre un

* *On the Currents and Hurricanes of the Antilles*, in the
Phil. Trans., 1756.

cyclone qui s'éloignait, dit : « J'observai que la
tempête, qui nous avait atteints pendant la nuit,
régnait alors violemment sur l'île de la Guade-
loupe ; on voyait un nuage terrible, épais, noir,
qui semblait en feu et marchait vers la terre. Il
occupait un espace d'environ cinq ou six lieues
de front ; au-dessus, l'air était presque calme ; on
distinguait seulement une espèce de brouillard. »

A partir de l'instant où tombent les premières
rafales, la violence de la tempête s'accroît jusqu'au
voisinage du centre. Une épaisse voûte de nuages
a couvert le ciel. De l'abîme ténébreux, la pluie,
souvent la grêle, se précipitent comme des torrents
et se mêlent à l'écume que le vent arrache à la
mer. Le tumulte extraordinaire des vagues, l'aigre
sifflement des cordages, le fouet des lambeaux de
voiles, le craquement des mâts qui se rompent, le
choc furieux des lames qui déferlent sur le navire,
telle est la scène que nous décrivent tous les témoins.

Au commencement des cyclones, un bruit
sourd, étrange, s'élève quelquefois et tombe « avec
un gémissement semblable à celui du vent dans
les vieilles maisons pendant les nuits d'hiver. » (Pid-

dington.) Un bruit analogue, qui vient du large
et qui annonce les tempêtes est connu en Angleterre sous le nom d'*appel de la mer*. Les
rafales qui déchirent l'air pendant le cyclone,
font entendre, disent les relations, comme *un
rugissement de bêtes sauvages,* un effroyable tumulte de *voix sans nombre* et de *cris de terreur.*
Sur le passage du centre un bruit formidable res-
semblant à des décharges d'artillerie, un continuel
grondement de tonnerre, la voix même de l'ouragan, éclate et domine tout.

Près de ce centre, où le plus grand vide se produit, le vent paraît décrire, en s'élevant, une spirale immense. Sa furie redouble. Dans l'axe du
cyclone, une puissante succion élève la mer en
montagne conique et forme la *lame de tempête.*
qui, en avançant sur la surface de l'Océan, inonde
les côtes et y produit le terrible phénomène des ras
de marée. La description suivante est citée par le
colonel Reid : « ..... Qui peut essayer de dépein-
dre l'aspect du pont ? Si je devais le faire, je ne
pourrais jamais vous en donner une idée : une
obscurité totale tout autour de nous ; la mer en
feu élevant des vagues monstrueuses qui s'entre-

choquent violemment; le vent soufflant avec une inconcevable furie et un bruit de tonnerre; le tout rendu plus terrible encore, s'il est possible, par une pâle lumière bleue vraiment extraordinaire. »

Qu'on imagine maintenant un navire attiré vers le centre du tourbillon, arrêté par la rafale et poussé contre cette mer épouvantable qui va l'engloutir...

Tel a été le sort de grands et solides bâtiments montés par d'excellents équipages. La disparition de la corvette française le *Berceau* est toute récente. Dans quelques relations, que nous citerons, on verra d'autres exemples.

La vitesse acquise par le vent dans ces tempêtes ne peut être donnée par aucun instrument; il faut la mesurer par les effets qu'elle produit. On l'a comparée au quadruple de la vitesse des locomotives et même à celle du boulet de canon. Des madriers emportés à de grandes distances se sont enfoncés à plus d'un mètre dans une route empierrée; une planche épaisse a traversé d'outre en outre un tronc de palmier de deux pieds de diamètre; des édifices neufs ont été renversés; de fortes

9.

grilles en fer ployées. Dans les forêts, les plus
grands arbres sont brisés, déracinés, et l'ouragan
s'y fraye une large route.

Très-souvent, au centre même, un phénomène
singulier se présente. Tout à coup le vent tombe ;
pendant quelque temps, une accalmie complète
succède aux plus terribles rafales. Le mouvement
ascendant des colonnes d'air peut, en effet, laisser
dans le calme un espace autour duquel le cyclone
tourne comme un immense anneau. Le marin voit
les nuages se disperser et parfois briller les rayons
du soleil. Pendant la nuit, quelques étoiles se montrent sur un ciel pur. Mais bientôt l'éclaircie disparaît et le vent reprend toute sa violence. Quand la
région du calme est très-restreinte, on ne s'aperçoit
du passage du centre que par un cercle plus pâle
dessiné au milieu des nuages. C'est, disent les
Espagnols, l'*œil de tempête*.

D'après une remarque générale, les phénomènes
électriques se manifestent surtout pendant le passage de la seconde moitié du cyclone. On accueille
le grondement du tonnerre comme un bon signe.
Suivant un dicton chinois : « S'il tonne, le typhon
mollit. » La foudre traverse le ciel, quelquefois

sous la forme d'un globe de feu. On a observé des
décharges continues du fluide. Le savant naturaliste Péron, dans la relation d'un ouragan qu'il a
traversé, dit avoir vu des lueurs d'une lumière
pâle s'échapper sans cesse de la surface du mercure de son baromètre et remplir tout le vide du
tube.

Il y a des exemples, heureusement rares, de
cyclones multiples. .Les grands cyclones se divi-
sent quelquefois en cyclones d'un plus petit diamètre et d'une moindre violence. On a vu aussi des
trombes apparaître au milieu des cyclones. Le
navire, ballotté sur une mer houleuse, souvent
désemparé, peut alors être entraîné dans le cercle
d'une nouvelle tempête...

Nous aurions encore quelques détails scientifiques à ajouter au tableau précédent, et surtout à
montrer le rôle de l'homme en présence de ce formidable déchaînement des forces de la nature.
Mais nous donnerons d'abord, par des extraits
empruntés à diverses relations, une idée plus complète du phénomène.

On voit quelquefois, au milieu d'un beau temps, des tourbillons, des rafales subites, dont l'extrême violence cause de grands ravages, avarie et même démâte les navires. D'après toutes les descriptions, ces tourbillons, dont le centre, suivant Humboldt, est chargé d'électricité, peuvent être considérés comme une première forme des tornades et des cyclones, qui présentent, nous l'avons déjà dit, tous les phénomènes observés, dans les trombes de terre et de mer, phénomènes dont la relation avec les grands mouvements cosmiques sera peut-être un jour démontrée.

Sur la côte occidentale d'Afrique, les tornades sont très-fréquentes à l'époque de l'année où l'*harmattan*, le vent sec qui passe sur les terres brûlantes, est remplacé par le vent de mer, chargé d'humidité. La description suivante est tirée des notes recueillies par le médecin anglais Boyle, pendant une station à Sierra-Leone.

« L'approche des tornados est annoncée par l'apparition d'une petite tache claire, de couleur argentée, qui, se montrant d'abord à une grande hauteur dans le ciel, s'accroît bientôt et descend vers l'horizon avec un mouvement graduel, lent mais visible. En approchant elle s'entoure d'un anneau noir, qui s'étend dans toutes les directions et finit par l'envelopper dans une impénétrable obscurité. A ce moment, la vie semble suspendue sur terre et dans l'atmosphère ; une inquiète attente oppresse tous les êtres. L'esprit resterait abattu sous le' coup d'une terreur anticipée, s'il n'était relevé par l'éclair d'une large flamme électrique, par les grondements de la foudre qui se rapproche rapidement et dont les éclats deviennent formidables. A ce moment, un tourbillon terrible se précipite avec une incroyable violence de la partie la plus sombre de l'horizon, enlevant les toits, brisant les arbres et désemparant les navires qu'il surprend. A ce tourbillon succède un déluge de pluie, qui tombe à torrents et termine cette effroyable convulsion. »

On doit à un autre médecin anglais, le docteur A. Thom, de très-intéressantes recherches sur les ouragans de l'océan Indien *. Il a pris pour base de son étude un cyclone qui, en avril 1843, a passé sur les îles Rodriguez, dans le voisinage de Maurice, où il résidait à cette époque.

---

* *Inquiry into the nature and course of Storms;* Londres, 1845.

« Il n'est guère possible, dit-il, d'habiter l'île Maurice sans participer à l'anxiété générale pendant la saison des ouragans. Chacun est attentif aux signes qui les annoncent, aussi bien l'habitant des somptueuses demeures que le nègre dans sa hutte fragile. Heureusement ces pronostics ne sont pas toujours suivis de réalisation.

» Au commencement d'avril 1843, l'état du ciel et la baisse du baromètre, accompagnant un violent coup de vent, firent penser aux habitants les plus expérimentés qu'un ouragan passait à quelque distance de l'île. Peu de jours après, en effet, le télégraphe signalait l'approche d'un grand nombre de navires désemparés, faisant des signaux de détresse et se trouvant dans l'impossibilité de gagner le port. Jamais auparavant on n'avait vu entrer en même temps à Port-Louis autant de bâtiments maltraités par une seule tempête.

» Une simple visite au mouillage suffisait pour éveiller un vif sentiment de sympathie. La baie était couverte de navires brisés; quelques-uns sans mâts ou ayant à la place de ceux qu'ils avaient perdus des mâts de fortune ; d'autres inclinés sur un bord par suite du déplacement de la cargaison pendant le coup de vent; tous ayant perdu leurs bastingages, leurs canots, avec les agrès qui étaient sur le pont. La plupart coulant bas d'eau, les équipages fatigués ne quittaient pas les pompes.

» Les capitaines déclaraient qu'ils n'avaient jamais assisté à une pareille tempête. On a dit que les marins regardent toujours le dernier coup de vent comme le plus mauvais; mais ceux qui se sont trouvés dans un ouragan des tropiques, en parlent, après une longue vie passée à la mer, comme d'un effroyable péril auquel nul autre n'est à comparer.

» L'état du temps contribue sans doute beaucoup au terrifiant aspect de ces tourmentes. Le ciel et la mer semblent confondus; les éléments se déchaînent avec rage au milieu de la plus menaçante obscurité. La pluie tombe à torrents et se mêle à la poussière des vagues, soulevée par la furie du vent. Le bruit de la mer, les grondements de la tempête dominent tout autre bruit, et les voiles se déchirent, les mâts se brisent sans qu'on entende rien. La mer déferle sur le pont, où les matelots exténués travaillent aux pompes sans relâche. Il est impossible d'allumer un fanal pendant les longues et tristes heures de la plus ténébreuse nuit,

que les éclats de la foudre éclairent seuls par intervalles, faisant apparaître, dans les sinistres lueurs
de l'orage, toute l'horreur de la réalité.

» Quelquefois les décharges électriques sont
presque continuelles. Il semble que le navire est
leur foyer d'attraction ; les mâts et le gréement
sont comme enveloppés d'une obscure clarté et la
foudre éclate à chaque instant.

» Mais c'est la mer qui est surtout terrible dans
les tempêtes tournantes. Soulevée en masses pyra-
midales par le vent qui souffle de tous les points
de l'horizon, elle présente un amas confus de vagues, pareilles à celles qui se brisent, furieuses, sur
les roches d'un récif. C'est par ces vagues énormes
que le navire est souvent mis en danger. Près du
centre de l'ouragan, la succession d'accalmies et de
violentes rafales rend la manœuvre presque impossible, même quand le bâtiment n'a perdu ni mâts,
ni gouvernail. On comprend qu'il faut un miracle
pour échapper à un tel bouleversement. Dans cette
situation les meilleurs navires perdent toutes leurs
qualités, et restent immobiles, sous le choc irrésistible des éléments, présentant une résistance fixe à
la fureur des vagues.

» Ce n'est que par un travail surhumain, par le
jeu continuel des pompes que l'on parvient à épui-
ser l'eau qui entre de toutes parts et s'amasse dans
la cale. Il faut des navires extraordinairement bien
construits pour traverser de telles épreuves sans y
succomber, et on ne saurait trop se mettre en
garde contre un danger devant lequel toute l'expérience et toute l'énergie du marin sont si souvent
impuissantes.

» Nous aurions encore à ajouter aux rapports
que nous venons de résumer, le récit des pertes
subies par les équipages et les passagers, et celui
de leurs angoisses, de leurs souffrances pendant
l'ouragan de Rodriguez. Il y avait à bord de la
petite flottille livrée à la merci de la tempête, plusieurs centaines de vieux soldats, qui, après avoir
loyalement servi et vaillamment combattu dans
l'Inde, pendant vingt ans, s'en retournaient au
foyer (home), et qui furent ensevelis dans les flots.
Des groupes de laborieux Indiens qui, oubliant les
préjugés de leur caste, venaient à Maurice chercher du travail, furent aussi décimés par la tempête. Il fallut aux matelots toute l'intrépidité, toute
la patiente énergie, toute la force de résistance qui

caractérisent le marin anglais pour rester vaillamment debout dans ce rude combat. »

Les désastres produits par l'ouragan dans l'intérieur des terres, dont M. A. Thom donne aussi la
description, ne sont ni moins nombreux, ni moins
terribles. Des hommes et des animaux tués, des
habitations détruites, des ponts enlevés, des routes
et des champs dévastés, marquent le passage du
cyclone. Les magnifiques forêts tropicales gardent
longtemps la trace de ses ravages, malgré l'exubé-
rance de la végétation. Le voyageur y rencontre
souvent de gigantesques troncs d'arbres entièrement ébranchés, dominant des groupes de jeunes
rejetons verdoyants. Mais les plantes grimpantes,
si nombreuses et si belles dans ces régions, montent
bientôt jusqu'au sommet, et y suspendent leurs
guirlandes fleuries.

Sur les rivages de Maurice et de la Réunion, on
trouve d'énormes blocs de pierres madréporiques,
que les vagues ont arrachées des récifs sous-marins.
Dans la partie méridionale de Maurice, quelques-
uns de ces débris ont été transportés à une grande
distance dans l'intérieur. Celui qui se trouve dans
la savane de Beauchamp, à un demi-mille des

roches de corail dont il a été détaché, mesure quarante pieds de long et vingt de large, sur quinze de hauteur.

Personne dans l'île n'a le souvenir d'avoir vu transporter de si pesantes masses par les forces qui résultent aujourd'hui du passage des tempêtes. Mais, comme l'opinion générale, d'accord avec l'observation et la tradition, attribue ce transport aux vagues monstrueuses qui accompagnent l'ouragan, il est probable que la violence de ces désastreux bouleversements, si fréquents dans les premiers âges du globe, tend à s'atténuer, en même temps que s'accroît l'action régulière des forces qui président à la circulation atmosphérique.

Nous ferons suivre la description générale du docteur Thom, d'un récit plus circonstancié, que nous empruntons à l'excellente étude de M. le capitaine de frégate Bridet, sur les cyclones *.

Cet officier se trouvait en mission à Mozam-

---

* *Étude sur les ouragans de l'hémisphère austral,* par H. Bridet, lieutenant de vaisseau, capitaine de port à l'île de la Réunion. — Saint-Denis, 1861.

bique, à bord de la goëlette l'*Églé* : « Le 1er avril
1858, dans la nuit, le vent prit par rafales,
du sud-est au sud-sud-est, accompagnées d'une
pluie diluvienne. La mer, un peu grosse, était
néanmoins arrêtée par la terre, et ne fatiguait pas
trop le navire mouillé sur deux ancres. A six
heures du matin, le baromètre marquait 758 millimètres.

« Vers midi, le baromètre continuant à baisser,
et le vent à augmenter sans changer de direction,
nous vîmes bien que nous allions avoir affaire à
un ouragan des tropiques, et nous prîmes nos précautions en conséquence.

» Deux autres ancres furent mouillées et filées
avec les deux premières, qui se trouvèrent alors
avec cinquante brasses de chaîne, et les deux dernières avec vingt-cinq ; un trois-mâts portugais, à
peu de distance de la goëlette, ne nous permettait
pas d'en filer davantage, mais nous étions par
cinq brasses de fond ; avec nos quatre ancres, nous
pouvions résister.

» La mâture fut réduite aux deux seuls bas-mâts,
et, à deux heures de l'après-midi, nous n'avions
plus qu'à attendre les effets du vent qui soufflait

o toujours du sud-est avec la plus grande violence.
J Le baromètre indiquait 755.

» Toute la journée, le vent augmenta et le baro-
n mètre baissa. A six heures du soir, il était à 748. La
n mer devenait très-grosse malgré l'abri de la terre.
э et la goëlette tanguait de manière à faire croire à
› chaque instant à la rupture des chaînes. Le plus
: grand nombre des bateaux arabes à l'ancre près de
nous, chassaient sur leurs faibles amarres, quelques-uns déjà étaient à la côte; la nuit se faisait et
le vent soufflait en augmentant encore.

» Vers neuf heures du soir, la pluie redouble
d'intensité, le vent de fureur.

» A onze heures, le baromètre marque 742. A
onze heures quarante-cinq minutes, un calme subit
succède aux rafales, au moment où elles semblaient
augmenter de violence. La tempête s'est apaisée
d'une façon si brusque que nous passons sans transition des craintes les plus vives à la sécurité la plus
complète. Le temps s'embellit, la pluie cesse...

» Autour de nous flottent les débris appartenant
aux nombreux bateaux arabes qui sont déjà naufragés. Des cris se font entendre et ce sont les
Français qu'on implore. A quelque distance, nous

apercevons une masse noirâtre qui va à la dérive, et le temps est assez clair pour que nous distinguions quelques matelots cramponnés à ce débris flottant : c'est une goëlette portugaise qui a chaviré et sur la quille de laquelle ils se maintiennent à grand' peine.

» Malheureusement nous n'avions sur les porte-manteaux qu'une embarcation trop faible pour affronter la mer encore très-grosse. Les cris s'éloignent et se perdent bientôt au milieu du bruit de la mer qui roule sur le rivage.

» Pendant que le temps semblait revenir au beau et que le calme le plus complet permettait de tenir sur le pont une bougie allumée, le baromè-tre se maintenait à 740 et nous indiquait que nous passions par le centre de l'ouragan, qui, sus-pendu pour un moment, allait reprendre avec fureur.

» A une heure, en effet, les premières rafales du nord-ouest tombaient à bord comme un coup de foudre, et faisaient pirouetter la goëlette qui allait subir un nouvel assaut.

» Cette fois, le vent et la mer nous poussent sur l'île de Mozambique, à peu de distance de laquelle nous sommes mouillés. La mer, venant du fond de la baie est tellement grosse qu'à chaque instant l'*Eglé* disparaît tout entière.

» Mais le danger le plus terrible vient d'une pangaie arabe qui s'était arrêtée à quelques brasses de nous : la direction tout à fait opposée du vent fait qu'elle est droit sur notre avant, et nous ne tardons pas à nous apercevoir qu'elle ne peut résister aux efforts de la tempête.

» Une heure se passe pleine d'anxiété fiévreuse ; la pluie a recommencé avec la saute de vent, et la mer devient monstrueuse. La pangaie se rapproche, et, dans une rafale affreuse, vient tomber en travers sous notre beaupré.

» L'*Églé*, soulevée par la mer, enfonce son avant dans le flanc du bateau ; des craquements se font entendre ; les mâts et les vergues tombent à bord, et dans cette lutte entre deux faibles navires, il est à craindre qu'il y ait deux victimes.

» Enfin la pangaie cède et ses deux tronçons nous quittent, chargés encore de malheureux Arabes qui vont à la mort sans un geste, sans un cri, sombres et résignés, eux d'ordinaire si bruyants à la moindre manœuvre...

» Nous en avions sauvé quatorze avec les cordes
que nous leur avions lancées, les autres se noyaient
à quelques brasses sans qu'il nous fût possible de
les arracher à la mort. A peine ces infortunés ont-
ils disparu que nous songeons à nous-mêmes : la
goëlette ne fait pas d'eau, mais deux chaines ont
été cassées, les ancres chassent, nous sommes
poussés à la côte par les coups de mer qui nous
couvrent de bout en bout.

» Cependant le baromètre remonte et nous
indique que l'ouragan, s'il n'a pas diminué de
violence, touche du moins à son terme ; il est trois
heures du matin, et, dans quelques heures, nous
pouvons être sauvés : cet espoir s'évanouit bientôt,
un coup de talon nous annonce que nous sommes
à la côte.

» Le gouvernail est démonté, la roue vole en
éclats, nous sentons à chaque coup de mer le
pont nous manquer sous les pieds, et les mâts
vibrent comme des joncs, nous menaçant à chaque
instant de leur chute.

» L'Eglé n'est pour ainsi dire plus qu'une épave
que la mer couvre à chaque instant. La pluie est si
intense, l'obscurité si profonde que nous ne pou-

vons voir l'endroit de la côte où nous avons été jetés; la nature des chocs nous fait cependant espérer que nous sommes sur la seule plage de sable qui existe près du débarcadère.

» L'avant de la goëlette flotte encore, l'arrière seul frappe le fond. Elle pourrait se briser, mieux vaut l'échouer complétement. Les chaînes sont prises par l'avant, une voile nous fait abattre, le navire monte sur la plage et se couche sur un lit de sable ; — nous sommes sauvés...

« Le spectacle qui s'offre à nous aux premières lueurs du jour est navrant. De tous les navires mouillés dans la baie, trois seuls ont résisté. Tous les bateaux arabes sont à la côte, plus de deux cents hommes se sont noyés.—L'ouragan a été terrible à terre : les plantations ont été ravagées, des arbres séculaires arrachés, les cocotiers dévastés : partout la désolation et la ruine!... »

Les cyclones de notre hémisphère ne le cèdent point en force et en étendue à ceux de l'hémisphère austral. L'Archipel des Antilles, la partie de l'Atlantique traversée par le Gulfstream, la Méditerranée même, sont la région où leur apparition est la plus fréquente.

Aux Antilles, on cite souvent comme une date sinistre le mois d'octobre 1780, signalé par deux ouragans désastreux. Le premier détruisit Savanna-la-Mary sur la côte ouest de la Jamaïque. Quatre vaisseaux appartenant à l'escadre de l'amiral Rodney qui s'y trouvait au mouillage, sombrèrent, et trois autres furent gravement avariés.

La seconde tempête étendit ses ravages sur des points très-éloignés les uns des autres : les îles Lee—ward, les Barbades furent atteintes en même temps. Au sud de la Martinique, elle surprit un convoi de cinquante bâtiments de commerce français, escorté par deux frégates et portant cinq mille hommes de troupes. Sept de ces navires seulement parvinrent à se sauver. « Les bâtiments du convoi disparurent, » fut la laconique expression employée par l'intendant de l'île dans son rapport. Quelques-uns des vaisseaux échappés au désastre de Savanna-la-Mary se dirigeaient à grand'peine vers un port de refuge, quand ils furent envelop-pés par cette nouvelle tempête, et tellement mal-traités que l'un d'eux sombra.

On rapporte des faits de destruction si extraordinaires, qu'on ne peut les attribuer à la violence
seule de la tempête. Il faut supposer la coïncidence
d'un tremblement de terre, resté inaperçu au milieu du bouleversement de l'ouragan.

A la Martinique, neuf mille personnes périrent ;
mille à Saint-Pierre seulement, où pas une maison ne resta debout. La mer s'étant élevée de
25 pieds au moment du ras de marée, cent cinquante habitations disparurent presque en même
temps. A Port-Royal, la cathédrale, sept églises et
cent quarante maisons furent renversées ; mille
malades et blessés furent ensevelis sous les ruines
de l'hôpital, d'où l'on ne put en retirer qu'un petit nombre. A la Dominique, presque toutes les
maisons situées sur le rivage furent englouties ; la
manutention royale et les magasins s'écroulèrent.
A Saint-Eustache, vingt-sept navires vinrent se
briser sur les roches. Six mille personnes périrent
à Sainte-Lucie, où les plus solides édifices furent
renversés. La mer roula des canons à plus de
cent pieds de leurs embrasures, et s'éleva à une
telle hauteur qu'elle démolit le fort et lança un
navire jusqu'à l'hôpital maritime, qui fut écrasé

sous son poids. Les bancs de corail furent arrachés du fond de la mer et transportés près du rivage où on les vit ensuite apparaître. Des six cents maisons de Kingstown, dans l'île de Saint-Vincent, quatorze seulement restèrent debout.

« Il est impossible de décrire l'épouvantable spectacle présenté par les Barbades, » dit George Rodney, dans son rapport officiel. Quand le jour se fit, la contrée, si fertile et si florissante, ne présentait plus que le triste aspect de l'hiver : pas une seule feuille ne restait aux arbres que la tempête avait laissés debout.

Une telle communauté d'infortunes rapproche les ennemis mêmes. Deux bâtiments anglais, le *Laurel* et l'*Andromeda*, ayant fait naufrage à la Martinique, le marquis de Bouillé renvoya les vingt-cinq marins anglais qui avaient été sauvés au gouverneur de Sainte-Lucie, en lui faisant dire qu'il ne pouvait retenir comme prisonniers de guerre les hommes qui avaient échappé à un désastre si général.

Le colonel Reid a donné, avec les plus grands détails, la description d'un cyclone qui ravagea aussi les Barbades, en 1831. Nous résumerons les principales circonstances de son récit, qui suit, heure par heure, les diverses phases du phéno- mène.

Au lever du soleil, dans la matinée du 10 août, l'horizon était clair, mais vers le nord apparais- sait un nuage de couleur olivâtre. Des bouffées de vent, du nord au nord-est, alternaient avec le calme. La chaleur s'éleva, entre midi et deux heures , jusqu'à 32°; l'air était suffocant.

A quatre heures, pendant que le thermomètre descendait de quelques degrés, d'épais nuages s'amoncelaient au nord ; le vent fraîchit de ce côté, il tomba de la pluie et le calme se fit de nouveau.

A l'entrée de la nuit, le ciel prit une teinte très-sombre ; seulement on remarqua, au zénith, un grand cercle plus clair. Des grains de vent et de pluie se succédèrent jusque vers une heure du matin.

Depuis minuit, les éclairs sillonnaient les ténè- bres. Le vent reprit au nord-est avec une grande violence qui s'accrut dans une saute soudaine au nord-ouest.

Les phénomènes électriques étaient surtout re-

marquables. L'éclat des nappes de feu qui des-
cendaient du ciel était surpassé par celui des éclairs,
qui jaillissaient dans toutes les directions, au milieu des régions inférieures de l'atmosphère. On
observa plusieurs météores, dont l'un, de couleur
rouge foncé, avait une forme globulaire bien déterminée. Il tomba perpendiculairement de très-
haut, et devint, en approchant de la terre, d'une
blancheur éblouissante. Arrivé sur le sol, il s'étei-
gnit en se répandant comme du métal fondu.
Quelquefois, l'épaisse couche de nuages paraissait
toucher les maisons de la ville, et, dans l'intervalle, s'opérait un rapide échange d'éclairs qu'on
voyait alternativement monter et descendre.

A deux heures du matin, la tempête éclata dans
toute sa fureur. Le vent, passé à l'ouest, chassait
devant lui des milliers de projectiles arrachés aux
habitations, dont les plus solides étaient ébranlées
jusque dans leurs fondements. On n'entendait distinctement aucun coup de tonnerre. Les hurlements de l'ouragan, mêlés au grondement des
vagues écumantes qui se dressaient en menaçant la
ville, le fracas des toits et des murs croulants,
mille autres bruits de destruction, formaient un

o. horrible tumulte dont il est impossible de donner
iii une idée à celui qui n'aurait pas assisté à de telles
o: scènes de terreur. A cinq heures, pendant un ré-
ic pit de quelques minutes, on entendit la chute des
ib débris transportés par le tourbillon.

A six heures, le vent avait diminué en tournant
s au sud ; il tomba successivement et, à neuf heures,
il le beau temps était entièrement revenu.

Le centre de l'ouragan avait passé un peu au
i nord des Barbades. La vitesse de progression entre
, ces îles et celle de Saint-Vincent était de dix milles
à l'heure.

La description du port, des navires brisés et
coulés, des épaves flottantes, est navrante. Dans
la campagne, les habitations et les plantations
étaient dévastées ; les arbres renversés, dépouillés
de leurs rameaux et de leurs feuilles ; le tronc de
quelques-uns fendu en lanières. L'effet produit
par l'électricité sur les végétaux, doit être particulièrement mentionné. La plus grande partie des
arbres d'une forêt qui couvre l'extrémité nord de
Saint-Vincent, étaient desséchés. Cette circonstance s'est reproduite dans d'autres ouragans. La
mer brisait sur les roches avec une telle furie, que

l'écume des vagues s'élevait à une hauteur de
60 pieds. Enlevée par la tempête, elle retom-
bait en pluie salée dans l'intérieur de l'île. L'eau
d'un étang situé à deux lieues de la côte, garda
un goût saumâtre pendant plusieurs jours.

———

Le commandant Maury a le premier appelé l'attention sur la fréquente apparition des tempêtes et
des météores aux abords des grands courants maritimes, et principalement sur le rôle important du
Gulfstream dans les mauvais temps de l'Atlantique. Les coups de vent les plus violents sont
ceux qui suivent son parcours, et les brumes de
Terre-Neuve, si dangereuses pour la navigation
d'hiver, sont évidemment dues aux immenses
volumes d'eau chaude qu'il apporte dans ces
froides régions. Un air lourd et humide s'étend
au-dessus du courant, dont les eaux sont quelquefois à vingt-six degrés, pendant que l'atmosphère
est à zéro. On calcule que si la chaleur amenée
chaque jour était subitement dégagée, elle serait
en quantité suffisante pour donner à la colonne
d'air qui repose sur le Gulfstream, une tempé-

rature supérieure à celle du fer fondu. La tendance à l'équilibre entre les couches atmosphériques occasionne alors des perturbations terribles.
Maury cite une de ces tempêtes qui refoula les
eaux du courant vers leur source, et les fit monter
dans le golfe à plus de neuf mètres de leur niveau habituel. Le navire le *Ledbury-Snow*, qui
avait cru trouver plus de sûreté en mouillant, reconnut, lorsque le vent vint à mollir, qu'il était
assez loin dans l'intérieur des terres et qu'il avait
laissé tombé son ancre sur le sommet des arbres
d'Elliott's Key. Les Florida Keys furent aussi couvertes à une hauteur de plusieurs mètres, et, lorsque cette eau, ainsi arrêtée, reprit de nouveau son
cours, en se précipitant avec une effrayante impétuosité dans la direction d'où soufflait l'ouragan,
on vit le Gulfstream bouleversé, présenter un spectacle dont l'horreur a rarement été égalée.

Le 15 octobre 1862, à l'entrée de la nuit, le
vaisseau l'*Eylau*, revenant du Mexique, fut assailli au nord des Bermudes, dans les parages du
Gulfstream, par un cyclone, dont le commandant,
M. Pagel, capitaine de frégate, a bien voulu nous
communiquer la description.

Vers sept heures du soir, l'ouragan, annoncé par
la baisse du baromètre, par un horizon très-chargé
et par la violence toujours croissante du vent et
des grains, atteignait le vaisseau, dont presque
toutes les voiles étaient bientôt déferlées et déchi-
rées. Les deux embarcations de tribord étaient
emportées. A huit heures, l'ouragan furieux semblait rugir, il dominait le bruit éclatant des voiles
qui fouettaient et s'en allaient en lambeaux. Le
vaisseau, couché un moment sur bâbord, embar-
quait l'eau par les sabords des gaillards et perdait
encore un canot, pendant que le grand mât de
hune tombait sous une épouvantable rafale. La
mer, la pluie et le vent étaient confondus dans la
plus horrible tourmente. Vers neuf heures, le petit
mât de hune tombait à son tour. Le craquement
que les deux mâts brisés auraient dû faire entendre,
avait été complétement absorbé par le bruit terrible de la tempête. L'inclinaison du vaisseau soule-
vait les ponts et faisait sauter les épontilles.
L'aiguille du baromètre anéroïde oscillait brusquement de quatre à cinq millimètres. Le feu
Saint-Elme parut plusieurs fois ; on le vit briller à
l'extrémité des mâts. Vers dix heures, le baromètre

remontait très-rapidement et l'ouragan était ter-
miné. Peu de temps après, un éclatant météore
traversait le ciel.

On éprouve dans la Méditerranée des tempêtes
tournantes, observées principalement dans les parages compris entre la Corse et les Baléares, entre
Malte et Tunis, sur les côtes de Syrie, dans l'Archipel et dans la mer Noire. Les renseignements
recueillis après le naufrage de la *Sémillante* qui,
pendant la guerre de Crimée, périt corps et biens,
chargée de troupes, sur les écueils qui bordent
l'étroit canal de Bonifacio, entre la Corse et la Sar-
daigne, tendraient à prouver que la perte de ce
bâtiment, commandé par un des meilleurs officiers
de notre marine, le capitaine de frégate Jugan, fut
causée par l'extrême violence d'une semblable
tempête, qui rendit vaines les décisions dictées par
l'expérience, et, sans nul doute, par la plus ferme
appréciation d'une position pleine de dangers, entre la côte des îles et l'ouragan.

DEUXIÈME PARTIE

X

CANOTS DE SAUVETAGE

Sous la double influence des rapides progrès de
la science et de l'industrie, la navigation, chez
toutes les nations commerçantes, se développe
dans de larges proportions, et les naufrages de-
viendraient, par suite, beaucoup plus fréquents, si
ces mêmes nations, guidées par une intelligente
prévoyance et par un généreux sentiment d'huma-

11

nité, ne cherchaient à multiplier les conditions favorables qui offrent aux marins plus de sécurité.
Des cartes plus exactes, des indications météorologiques plus certaines, des phares plus nombreux
et plus puissants, des signaux placés sur les
écueils (9), facilitent à la fois la détermination de
la route et la reconnaissance des attérages. Mais
cette reconnaissance n'en reste pas moins bien souvent entourée de dangers, lorsque le mauvais
temps, les brumes ou la nuit rendent la manœuvre
du navire plus difficile, et ne permettent pas de
déterminer avec certitude sa position. C'est alors
que, malgré toute la science du capitaine, malgré
toute l'énergie des matelots, on voit quelquefois le
meilleur navire jeté à la côte et brisé par une mer
furieuse, qui ne laisse à l'équipage d'autres chances
de salut que le trajet hasardeux du bâtiment au
rivage.

C'est à diminuer les périls de ce trajet que sont
employés les canots de sauvetage. La construction
du premier de ces canots remonte à 1790. Il fut
l'œuvre d'un ingénieur anglais, M. Henri Great-
head, qui fit adopter son projet au comité organisé
par les témoins d'un naufrage désastreux, dans le-

quel l'équipage entier avait péri sous les yeux des habitants de la côte, impuissants et consternés. Ce premier canot, insubmersible et construit de manière à pouvoir facilement changer de direction, pour éviter ou pour fendre les vagues, n'a été que peu modifié depuis. On a changé la disposition des ouvertures percées dans le fond pour laisser écouler l'eau de mer, qui, malgré toute l'habileté du patron et les vaillants efforts de l'équipage, remplirait bientôt l'embarcation, lancée au milieu de la dangereuse mer qui déferle près du rivage (10).

Le calme intrépide de ces hommes dévoués au milieu des périls qu'ils affrontent, leur simplicité de cœur, si touchante dans une lutte où la plus triste mort est constamment présente, nous offrent un des spectacles qui honorent le plus l'humanité, et qui peuvent le mieux nous initier à la beauté du sacrifice, de la vertu divine dont l'Évangile nous apprend à connaître la souveraine puissance. Bien rares peut-être sont les moments où nous comprenons clairement toute la fécondité de ces enseignements sublimes. Pour que leur lumière pénètre en nous, il faut que nous soyons témoins d'actes héroïques, ou que nous nous élevions, par un dé-

vouement sincère, par une charité fraternelle, jusqu'à ces hauteurs morales où, suivant la parole
du Christ, nous aimons le prochain comme nous-
même.

L'institution nationale des canots de sauvetage
(Royal national Life-boat Institution) publie en Angleterre un journal spécial *(Life-boat Journal)*, auquel nous empruntons la relation suivante, extraite
d'une lettre adressée à l'éditeur du *Times* par
M. W. Meyrick, esq., témoin du naufrage de
l'*Arctic* :

« Dans l'après-midi du 3 octobre dernier, le
steamer anglais *l'Arctic*, allant de Hull à Saint-
Pétersbourg, fut assailli, à la hauteur des côtes du
Jutland, par un très-violent coup de vent. Jeté sur
un écueil, il sombra à près de trois quarts de mille
du rivage. Une partie des passagers et quelques
hommes de l'équipage furent noyés ; mais dix-sept
se réfugièrent dans la hune de misaine et cinq dans
la grand'hune, où ils restèrent durant la soirée
et la nuit du 4, en vue des habitants du rivage,
empêchés par la tourmente de porter aucun secours. Ce ne fut que vers quatre heures du matin
qu'on put mettre à la mer le canot de sauvetage,

et que vingt hommes furent sauvés par le noble exemple et le courage de M. Thomas Earle, qui seul périt victime d'un dévouement dont plus d'une fois déjà il avait donné des preuves.

» Le capitaine du bâtiment affirme, dans son rapport, que c'est grâce aux efforts et aux encouragements de M. Earle qu'on put venir à son secours. Dans une lettre signée par les passagers et marins restés à bord, il est dit que tous auraient péri sans l'arrivée du canot de sauvetage. L'équipage de ce canot, à l'exception d'un seul homme, (Anton Andersen), avait refusé d'embarquer, à cause de l'extrême danger que présentait le passage de la barre. Entraîné par le généreux exemple de M. Earle, un équipage de volontaires s'offrit à le suivre. Après des efforts répétés, le canot réussit à traverser la barre et à ramener à terre quatorze personnes. Le même courageux équipage, conduit par M. Earle blessé, retourna au bâtiment pour sauver ceux qui restaient; mais en abordant au rivage, le canot fut chaviré, et cet homme si plein de bonté, si simple dans son héroïsme, fut frappé à la tempe, et tomba pour ne plus se relever.

» M. C. B. Claude, agent du Lloyd, en écrivant au consul britannique à Hambourg, dit :

« Si M. Earle n'avait pas été présent et n'avait
» pas encouragé chacun par son exemple, l'équi-
» page entier aurait péri. Il était très-habile dans
» le maniement des canots, et voyait bien le dan-
» ger qu'il allait courir. Il ne voulut pas permettre
» à son fils de l'accompagner, et, dans la pensée
» qu'il pourrait ne plus revenir, ses dernières
» paroles furent un appel à la bienveillance pu-
» blique en faveur de sa veuve, s'il venait à suc-
» comber. La plus grande partie de notre popula-
» tion, nos autorités, nos femmes, ceux qu'il avait
» arrachés à une mort certaine, assistaient aux fu-
» nérailles, pour honorer la mémoire et le dévoue-
» ment de ce noble cœur. »

A la suite de cet extrait, le *Journal de la Société
de sauvetage* ajouta :

« Quel acte a plus de titres à notre admiration
que le sacrifice de soi-même pour le salut d'un
autre ou pour le bien public? Quoique le sentiment
de la personnalité soit une puissante cause du progrès des sociétés humaines, et quoiqu'une des premières lois de la nature soit cette affection pour
notre personne et pour tous ceux qui, par les

liens du sang, font pour ainsi dire partie de nous même, cependant, chez tous les peuples, et dans les religions anciennes aussi bien que dans le christianisme, l'abnégation du sentiment personnel, dont le sacrifice de la vie pour le bien de nos semblables est la plus haute expression, a toujours été vénérée comme la plus grande et la plus rare des vertus. L'homme n'a pas d'amour plus digne de lui que l'amour par lequel il donne sa vie pour le bien de ses frères.

» C'est cette abnégation qui entoure d'une auréole la mémoire des héros et des martyrs, de tous les grands cœurs qui se sont donnés à nous par le sacrifice, et dont nous contemplons les généreux efforts avec ce fécond sentiment de mélancolique satisfaction qui nous saisit aujourd'hui devant la mort héroïque de Thomas Earle. »

Nous rappellerons encore ici le dévouement de deux sœurs, Maria et Catarina Avigno, lors de l'incendie et du naufrage, sur les côtes de la Corse, du bateau à vapeur anglais le *Crésus*, chargé d'approvisionnements et de troupes pour le corps expéditionnaire de Crimée. Au moment où les bateliers de la plage, effrayés par les progrès de l'incendie,

craignaient de s'approcher du bâtiment dont les
mâts embrasés étaient prêts de s'abattre, deux
pauvres femmes de pécheurs, saisies de pitié, s'é-
lancèrent dans une barque pour aller au secours
des naufragés qu'on n'avait pu encore sauver.
Ceux-ci se précipitèrent en si grand nombre dans
la frêle embarcation qu'elle coula à fond, entraînant leurs deux libératrices. Catarina seule put être
rappelée à la vie. On retrouva entre les écueils le
corps de Maria, qui laissait huit jeunes or-
phelins.

A côté de ces généreux dévouements, nous devons aussi mentionner, quoiqu'à regret, la sauvage
coutume des habitants de quelques parties du littoral, qui regardaient tout bâtiment jeté à la côte
comme leur propriété, et que l'appât du pillage
entraînait trop souvent à des actes de barbarie et
de cruauté envers les naufragés. Grâce au progrès
des sentiments d'humanité que la civilisation ne
cesse pas de développer chez les nations les plus
éclairées, de tels actes ne sont plus aujourd'hui
possibles parmi nous. Si, par exception, ils venaient à se renouveler, l'indignation, la réproba-
tion générale seraient pour leurs auteurs, outre la

vindicte publique, le plus certain et le plus mérité des châtiments.

Il faut ajouter aux services rendus par les canots de sauvetage les secours portés aux bâtiments en détresse qu'on a pu rentrer au port, et le concours donné en diverses circonstances par les équipages, toujours appelés durant le mauvais temps et fréquemment au milieu des sombres nuits d'hiver. Ainsi, nous trouvons l'épisode suivant dans le récit de l'un des naufrages de 1860 :

« . . . . . Il y a quelques semaines, un coup de vent balayait les rivages de Lyme-Regis. Vers huit heures du soir, on eut connaissance d'un bâtiment en détresse sur les attérages. La nuit était obscure, le vent très-violent et la mer très-grosse. Après un court délai, le canot de sauvetage fut mis à la mer. Son équipage, conduit par un habile et courageux patron, Thomas Bradley, n'avait eu qu'un moment d'hésitation. Des torches furent allumées, et bientôt le canot disparut au milieu des brisants. La nuit était si noire et la mer si mauvaise qu'on n'espérait guère le voir revenir. Après une heure et demie de longue attente et d'anxiété, au milieu des rafales de la tempête, on l'aperçut enfin sortant

11.

des ténèbres, et peu après il déposait sur le rivage
l'équipage du bâtiment naufragé, l'*Elisabeth-Ann.* »

De semblables dévouements ne manquent jamais lorsque, à bord d'un bâtiment, au large
et par mauvais temps, un homme tombe à la
mer. Souvent la nuit double les périls que court
l'embarcation de sauvetage ballotée par les vagues qui menacent de l'engloutir. Cependant
le nombre des hommes de bonne volonté qui se
présentent, avec le plus généreux élan, pour en
former l'équipage, est toujours bien supérieur au
nombre nécessaire. Une bouée de sauvetage, constamment prête et portant un petit pavillon, est
jetée à la mer en même temps que l'homme y
tombe et que le navire est arrêté. S'il peut la saisir, il s'y soutient jusqu'à l'arrivée du canot. Sur
les bâtiments de l'État, des bouées de nuit sont
surmontées d'une tige verticale, d'où jaillit une lumière en même temps que la bouée se détache.
Sauvé au moyen de cet appareil, après de longs
efforts, par gros temps et nuit obscure, un matelot
tenait si fortement la tige, après avoir perdu connaissance, qu'on ne put l'en détacher que plus
d'une heure après son retour à bord.

L'institution de sauvetage possédait, en 1862,
cent quarante-quatre canots. Plus de cinq mille
marins avaient donné leur concours durant l'année. Les frais d'entretien avaient été couverts par
les souscriptions des membres de l'association, et
par les dons de personnes généreuses dont quelques-unes avaient même versé les fonds nécessaires
à l'établissement d'une station de sauvetage.

Quoique beaucoup ait été déjà fait, il reste encore sans doute beaucoup à faire. Mais une institution si utile, chaque jour mieux connue, et qui
fait appel à nos meilleurs sentiments, ne peut manquer de se développer, surtout chez une nation qui
porte si haut les services qu'elle reçoit de sa marine, source principale de sa puissance et de sa
prospérité. De plus en plus les nations civilisées
seront appelées à partager cette juste reconnaissance envers ceux qui, à travers tant de fatigues
et de dangers, portent sur les mers, non-seulement
les produits de l'industrie de chaque peuple, mais
encore abritent sous leur pavillon les croyances,
les idées, les lois par lesquelles se préparent la
civilisation du globe, l'unité du genre humain.

D'après le rapport publié en Angleterre par les

soins du Conseil du commerce (*Board of trade*), le

nombre des naufrages, pendant l'année 1860, avait

été de *dix-huit cent onze*. Le mois de décembre

seul en comptait *cent quatre-vingt-six*. Au mois de

novembre 1861, une tempête effroyable jetait à la

côte plusieurs centaines de navires. Les correspon-

dances de Bridlington signalaient sur cette seule

partie de la côte *cent sept* navires échoués.

Durant la même année, *huit cents* marins avaient

été arrachés à la mort par les canots de sauvetage.

Le nombre des personnes sauvées depuis la for-

mation de la société s'élève à près de douze

mille.

Nos côtes de l'Océan ne sont pas moins dange-

reuses que celles de l'Angleterre, et le courageux

dévouement de nos marins, devant les périls cou-

rus par leurs compagnons, n'est ni moins fréquent

ni moins spontané (11). Nous citerons un seul

exemple. Le 26 avril 1833, le trois-mâts l'*Amphi-

trite* quittait Woolwich pour se rendre à Sidney,

où il transportait cent huit femmes et douze enfants

condamnés à la déportation. Trois jours après, une

violente tempête le jetait sur la côte de Boulogne,

en vue du port, où une mer furieuse le mettait en

pièces, engloutissant tous les passagers et la plus
grande partie de l'équipage.

Un canot, mis à la mer vers six heures du
soir, ne pouvait parvenir, repoussé par le vent et
par les lames, à s'approcher du bâtiment. C'est
alors qu'un patron de bateau pêcheur, Hénin, prit
la résolution de se rendre à bord pour y porter
une corde afin d'établir un va-et-vient. Nous reproduisons sa déposition :

« *Déposition* d'HÉNIN (François), *patron de bateau
pêcheur, du port de Boulogne.*

» Hénin déclare que, vers six heures moins un
quart, il dit au capitaine du port qu'il voulait se
rendre à bord du bâtiment échoué, et que les marins n'avaient qu'à le suivre; que, quant à lui, il
était résolu à s'y rendre seul; qu'il courut sur la
plage avec une corde; qu'il se dépouilla de ses
vêtements; qu'il se jeta dans la mer. Il pense avoir
nagé pendant près d'une heure et avoir approché
le bâtiment vers sept heures; il le héla et cria en
anglais : « Jetez-moi une corde pour vous conduire
à terre ou vous êtes perdus, car la mer monte. »

Des hommes de l'équipage l'entendirent; il était alors du côté de tribord du navire qu'il toucha même; il vit un matelot, et lui cria de dire au capitaine de jeter des cordes. Les matelots lui jetèrent deux cordes, une de la proue, une autre de la poupe; il put se saisir de celle de la proue seulement. Il se dirigea alors vers la plage; mais la corde qu'il tenait était trop courte et lui manqua. Il revint sur le bâtiment, s'y accrocha, cria à l'équipage de le hisser à bord; mais alors ses forces l'abandonnèrent. Il se sentit épuisé, et ce ne fut qu'avec peine qu'il put rejoindre la terre. »

Nous reproduirons encore l'épisode suivant d'un touchant récit de Sparrman* ;

« Le navire le *Jung-Thomas*, qui était demeuré dans la baie de la *Table* jusqu'après le commencement de la saison des tempêtes, fut chassé sur le rivage par un ouragan, près des terres voisines de *Zout-Rivier*, vers le nord du fort.

» La mer était impraticable, et quoique le vaisseau fût naufragé fort près du bord, et qu'on entendit distinctement les cris de détresse de l'équi-

* *Voyage au cap de Bonne-Espérance.*

page, les lames étaient si grosses et se brisaient contre le navire et contre le rivage avec tant de violence, qu'il était impossible aux hommes de se sauver dans leurs canots, et plus dangereux encore de chercher à se sauver à la nage. Quelques-uns des malheureux qui prirent ce dernier parti furent lancés et froissés contre les rochers. D'autres, ayant atteint le rivage et près du salut, furent rentraînés et submergés par une autre vague. Un des gardes de la ménagerie de la Compagnie, qui dès la pointe du jour allait à cheval hors la ville, porter le déjeuner de son fils, caporal dans la garnison, se trouva spectateur du désastre de ces infortunés. A cette vue, il est touché d'une pitié si noble et si active que, se tenant ferme sur son cheval plein de cœur et de feu, il s'élance avec lui à la nage, parvient jusqu'au navire, encourage quelques-uns d'eux à tenir ferme un bout de corde qu'il leur jette, quelques autres à s'attacher à la queue du cheval, revient ensuite à la nage, et les amène tous vivants au rivage. L'animal était excellent nageur ; sa haute stature, la force et la fermeté de ses muscles, triomphèrent de la violence des coups de mer.

» Mais le brave et héroïque vétéran devint lui-même la malheureuse victime de sa générosité. Il avait déjà sauvé quatorze jeunes gens : après le septième tour, pendant qu'il restait à terre un peu plus de temps, pour respirer et reposer son cheval, les malheureux qui étaient encore sur le navire crurent qu'il n'avait plus l'intention de revenir. Impatients de le revoir, ils redoublèrent leurs prières et leurs cris : son âme sensible fut émue ; il repart, et retourne à leur secours avant que son cheval soit suffisamment reposé. Alors un trop grand nombre de personnes voulurent se sauver à la fois, et l'une d'elles, à ce qu'on croit, s'étant attachée à la bride du cheval, lui attirait la tête sous l'eau : le pauvre animal, déjà épuisé, succomba sous la charge.

» Ce philantrope intrépide mérite d'autant plus notre estime et notre admiration, qu'il ne savait nullement nager lui-même. J'ai donc pensé qu'il était de mon devoir, devoir qui fait mon plaisir, de consigner dans mon ouvrage le dévouement de cet homme, qui se nommait *Woltemaade*. Frappés du même sentiment, les directeurs de la Compagnie des Indes orientales en Hollande, à la première nouvelle de ce fait, érigèrent à sa mémoire un monument digne d'eux et de lui, en donnant son nom à un de leurs vaisseaux nouvellement construit, et ordonnant que toute l'histoire fût peinte sur la poupe. »

Nous aurions trouvé dans des exemples plus récents les mêmes preuves d'héroïque abnéga- tion *, l'affirmation la plus éclatante de la géné- reuse pensée de Victor Hugo : « Les grands périls ont cela de beau qu'ils mettent en lumière la fra- ternité des inconnus. »

Mais les faits que nous avons choisis auront suffi pour attirer l'attention sur les utiles institutions que l'Angleterre multiplie afin de diminuer le nombre des sinistres, et pour montrer toute l'im- portance, toute la nécessité des Sociétés de sau- vetage, qui prennent aussi en France une grande extension, sous l'active impulsion de l'État et des des chambres de commerce.

Beaucoup de naufrages seraient évités si les ca- pitaines pouvaient mieux prévoir le temps. Les in- structions données par le commandant Maury, les

---

* Voy. au *Moniteur*, la liste annuelle des récompenses décer- nées par le ministre de la Marine, pour faits de sauvetage.

beaux travaux qui ont amené la découverte de la
loi des tempêtes, et l'installation des services météorologiques, des stations barométriques, des
nouveaux sémaphores, dont nous allons résumer
les principales dispositions, rendront cette prévoyance plus facile. Mieux avertis de l'approche
des coups de vent, les bâtiments pourront tenir le
large ou rester au port, et ne plus s'exposer aux
chances désastreuses que la proximité des terres
leur fait courir.

XI

STATIONS BAROMÉTRIQUES

Nous verrons bientôt comment l'observation des phénomènes météorologiques, favorisée par la rapidité des communications du télégraphe électrique, sert maintenant, en plusieurs points des côtes d'Europe et d'Amérique, à prévenir les navigateurs de l'apparition des tempêtes.

Mais les stations météorologiques ne sont pas encore assez multipliées pour donner sur toutes nos côtes ces utiles avertissements, et, d'ailleurs, les tempêtes peuvent venir du large ou se former au lieu même où elles éclatent. Il est donc important de **pouvoir** indiquer aux marins ou aux agriculteurs les signes qui les annoncent, et depuis longtemps on a cherché ces signes précurseurs dans

l'observation des changements qui se produisent
alors dans l'atmosphère.

Parmi les divers indices relatifs à ces changements, aucun n'a la valeur des indications barométriques, qui donnent constamment l'état de l'atmosphère, et qui en montrent instantanément les
variations par les oscillations de la colonne de
mercure. Ces oscillations sont une conséquence de
l'inégalité de pression qui détermine les vents. Observées avec soin, et dans leur rapport avec les
conditions géographiques du lieu, elles peuvent
faire prévoir les changements de temps, et les annonceraient sans doute avec assez d'exactitude, si
on les rapprochait d'observations analogues relatives à la température, à la composition et aux
phénomènes électriques de l'atmosphère. L'établissement futur d'observatoires météorologiques sur
toute la surface du globe, et la continuation des
intéressants travaux de l'Association maritime,
fondée par le commandant Maury (12), donneront
un jour la plus grande valeur à ces observations,
qui, ordonnées en séries, nous conduiront sans
doute à la découverte des lois qui régissent les
phénomènes atmosphériques.

La haute importance de cette découverte est de toute évidence. Nous pourrons alors non-seulement prévoir les tempêtes, les perturbations de l'atmosphère, qui exercent une si directe influence sur notre bien-être, mais encore remonter à la source de ces perturbations, et peut-être en diminuer la fréquence et l'intensité.

Tous les navigateurs ont constaté que les grandes oscillations barométriques annoncent presque toujours l'approche des tempêtes. Aussi, tous nos bâtiments de guerre et la plupart de nos bâtiments de commerce sont-ils munis de baromètres journellement consultés par le capitaine; mais les bateaux de pêche et les petits navires caboteurs n'en ont pas, quoiqu'ils soient exposés, sur nos côtes du Nord, aux plus soudains et aux plus redoutables coups de vent. C'est à la suite de fréquents naufrages sur la partie la plus dangereuse des côtes d'Angleterre que le duc de Northumberland y a fait établir des stations barométriques, sur lesquelles le *Journal de la Société de sauvetage* donne les détails suivants :

Stations barométriques de la côte de Northumberland,
par James Gleisher, esq.

« Sa Grâce le duc de Northumberland proposa,
en 1859, au président de la Société météorologique, Thomas Sopwith, esq., l'établissement d'observatoires météorologiques dans les nombreux
villages de pêcheurs situés sur la côte du Northumberland. Le principal but de Sa Grâce était d'é-
pargner la vie et la propriété de tant d'hommes
laborieux par une prévision du temps telle que
peuvent la donner les observations barométriques
et météorologiques. M. Sopwith et les membres du
conseil de la Société adoptèrent les propositions
qui leur étaient présentées, et ont depuis fait tous
leurs efforts pour les réaliser autant que possible,
heureux de venir ainsi en aide à la bienfaisance
la plus éclairée.

» Bientôt les instruments commandés par leurs
soins furent terminés, et je pus m'occuper, avec
M. Sopwith, de leur mise en place. Nous reçûmes
partout le meilleur accueil, et nous fûmes aidés

dans notre mission par le cordial concours de toutes les personnes attachées au service de l'État ou à l'Institution nationale des canots de sauvetage.

» Tous les instruments sont simplement et fortement construits; la graduation est facile à lire. J'ai trouvé parmi les pêcheurs le plus vif désir d'en comprendre l'usage, et quelques-uns des plus intelligents m'ont prié de leur en expliquer la construction.

» On doit faire au moins une observation par jour, deux si l'on peut, et même plus dans le cas d'une hausse ou d'une baisse rapides.

» Les observations journalières doivent aussi donner la température de l'air, la direction du vent et l'état du temps. Un thermomètre est joint à chaque baromètre.

» L'objet de ma visite dans les diverses localités était de constater que les instruments n'avaient pas souffert du transport, qu'ils étaient convenablement placés dans le lieu le plus favorable, et que les pêcheurs chargés de leur conservation avaient bien compris les instructions que je devais leur transmettre.

» J'ai trouvé dans leur bon accueil un des résultats les plus satisfaisants de ma tournée. Partout, sur la côte, j'ai eu des preuves non-seulement
de leur reconnaissance, mais aussi de leur intelligente appréciation des services que pouvaient leur
rendre les instruments mis à leur disposition.

» Tous ceux qui ont pu voir sur les cartes
publiées par le *Board of trade* et par l'Institution
nationale des canots de sauvetage le nombre an-
nuel des naufrages, comprendront toute l'impor-
sance des stations barométriques, tous les services
que le système d'observations dont nous venons de
donner un aperçu peut rendre aux navigateurs.
Déjà, par les soins de nos comités du commerce
et de nos sociétés de sauvetage, ces stations se mul-
tiplient, et l'on peut espérer qu'avant longtemps
elles seront établies sur tous les points du littoral
où elles pourraient être utiles à nos marins. »

L'amiral Cator a récemment fait connaître à la
Société nationale de sauvetage que les pêcheurs de
de Cullercoats, près de Shields, lui avaient exprimé
toute leur reconnaissance envers le duc de Northumberland, président de la Société, à la bienveillance
duquel ils doivent leur station barométrique. Peu

de temps auparavant un coup de vent d'ouest très-violent avait soudainement éclaté. Les pêcheurs allaient prendre la mer. Quelques uns d'entre eux observèrent la grande baisse du baromètre, tandis que d'autres contestaient la valeur de cette indication. La majorité décida cependant que, malgré la belle apparence du temps, on ne sortirait pas tant que le baromètre n'aurait pas remonté. Peu d'heures après, un vent terrible balayait la mer, et les pêcheurs ont la conviction qu'ils auraient presque tous péri s'ils avaient pris le large, ce qu'ils auraient fait indubitablement sans l'avertissement du baromètre.

L'amiral Fitz Roy a extrait de son *Instruction sur l'usage du baromètre* *, publiée par le *Board of trade*, un manuel spécial pour les stations de pêche, qui contient les indications les plus précises sur la manière d'interpréter les signes barométriques et de prévoir le temps, en combinant ces signes avec ceux du thermomètre et ceux que donne l'état du ciel. La partie de ce manuel qui

* *Barometer Manual.* — Cette instruction, traduite pour l'usage de la marine française, a été reproduite dans les *Phénomènes de l'atmosphère.*

12

fait connaître les pronostics du temps habituellement observés par les marins et les cultivateurs,
est particulièrement intéressante. Nous y reviendrons bientôt.

Les stations auxquelles des instruments ont été
envoyés par les soins du *Board of trade* sont maintenant au nombre de quatre-vingt-neuf. Dans son
dernier rapport (avril 1863) au Bureau météorologique, l'amiral Fitz Roy a réuni les renseignements recueillis à chaque station, qui donnent les
résultats obtenus depuis l'installation des instruments. Ces résultats montrent avec la plus complète évidence toute l'utilité des avertissements
transmis aux pêcheurs.

En France, les baromètres côtiers sont placés
par le gouvernement sous la surveillance des directeurs d'observatoires et des capitaines de port. Ces
instruments étant aussi principalement destinés à
l'usage des capitaines au cabotage et des pêcheurs,
sont accompagnés d'une traduction du manuel de
l'amiral Fitz Roy.

Kaemtz, dans son *Cours de Météorologie,* cite
l'opinion de navigateurs illustres, Krusenstern,
Scoresby, Brandes, Beauchamps, Léopold de Buch,

qui rapportent une foule d'exemples de la liaison
des tempêtes avec les oscillations barométriques.
On conçoit que le rapprochement d'observations
simultanées sur un grand nombre de points, permettrait de donner plus de certitude encore à ces
indications. « Si nous savions, dit M. Kaemtz, le
temps qu'il fait sur le reste de la terre, nous pourrions en conclure celui que nous devons attendre. »

C'est à ce vœu que répond en partie, dès maintenant, une des plus importantes applications de la
science moderne, la télégraphie météorologique.

XII

TÉLÉGRAPHIE MÉTÉOROLOGIQUE.

Avant de faire connaître le service spécial de
météorologie pratique qui vient d'être organisé
par le ministère de la Marine, nous croyons devoir
résumer les divers travaux qui, soit en France, soit
à l'étranger, ont préparé cette utile application de
l'électricité à la prévision du temps, prévision toute
positive, et qui, sans prétendre à toujours donner
des indications certaines, doit toutefois, dans la
plupart des cas, rendre de très-grands services aux
marins et aux agriculteurs, en les prévenant à
temps des perturbations atmosphériques, dont la
soudaine apparition est la cause de si fréquents
désastres.

Le savant et patient observateur à qui nous de-

vons l'important ouvrage sur la *Loi des Tempêtes*,
M. Henri Piddington, a, l'un des premiers, appelé
l'attention sur l'emploi du télégraphe électrique
pour donner avis de l'approche des cyclones ou
tempêtes tournantes. Dans un mémoire publié en
1842, il indiquait l'utilité de ces avertissements, en
exprimant l'espoir de les voir prochainement
adopter.

Quelques années plus tard, le commandant
Maury signalait aussi, dans l'introduction de son
grand ouvrage *(Instructions nautiques)*, les avantages de la télégraphie électrique fonctionnant dans
un système général et centralisé d'observations
météorologiques :

« L'approche de la tempête serait alors partout
annoncée d'avance, sa marche serait signalée, et
le fermier dans son champ serait averti à temps,
ainsi que le marin dans le port; le départ des navires serait retardé au besoin, et l'on verrait diminuer la quantité de ces naufrages qui, sur mer, se
traduisent annuellement par des pertes variant de
2 à 16 millions de dollars. Nos lacs septentrionaux,
par exemple, sont maintenant entourés de la sorte
par un cordon de postes télégraphiques, et l'on

12.

comprendra l'importance des services que cette organisation est appelée à rendre, si l'on songe que, de 1854 à 1857, les sinistres de ces mers intérieures, évalués à 10 millions de dollars, n'ont pas coûté moins d'un millier de vies humaines. »

Le *Moniteur* du 7 avril 1860 publiait une réponse de M. Le Verrier, directeur de l'Observatoire impérial, à M. Airy, astronome royal d'Angleterre, qui venait de lui annoncer l'établissement prochain d'un service météorologique sur les côtes de la Grande-Bretagne, et demandait l'échange des bulletins météorologiques de l'Observatoire de Greenwich avec ceux de l'Observatoire de Paris.

M. Le Verrier profitait de cette proposition, accueillie avec empressement, pour donner une grande extension au service météorologique des ports, dont l'organisation avait suivi celle du service régulier d'observations, établi en France par ses soins. Ce service comprenait les observations météorologiques quotidiennes de vingt-quatre centres pourvus d'instruments par l'Observatoire et lui transmettant, par la voie télégraphique, les observations recueillies, qui, discutées et réduites, étaient envoyées aux divers observatoires, aux administrations et aux journaux qui en désiraient communication.

C'est à la suite de ce premier résultat que M. Le Verrier crut pouvoir demander leur concours aux observatoires de l'Europe, afin de recevoir les communications nécessaires à l'extension d'un ser-vice qui devait rapidement se développer, sous la double influence de l'esprit scientifique et du sen-timent de solidarité qui font aujourd'hui la puis-sance des nations civilisées.

« Toutes les nations, disait M. Le Verrier, ont intérêt à se prévenir les unes les autres de l'appa-rition des tempêtes, et ce n'est que par un concours mutuel qu'on peut espérer d'arriver à des résultats sérieux et considérables. »

On se rappelle la désastreuse tempête du 14 no-vembre 1854, qui ravagea une partie de l'Europe et mit en perdition notre escadre de la mer Noire. Nous avons déjà dit que la comparaison des obser-vations faites en divers points durant cette tour-mente, prouva qu'elle avait été produite par le transport d'une grande onde atmosphérique, qui avait mis près de quatre jours à traverser l'Europe, depuis les côtes d'Angleterre jusqu'à la mer Noire.

Nos flottes auraient donc pu être averties et quitter à temps leur dangereux mouillage devant Sébastopol.

Les ouragans, soit qu'ils proviennent du passage de ces ondes, dont l'étendue est immense, ou du transport des cyclones, peuvent être annoncés par la télégraphie électrique. Aussi, la demande de M. Le Verrier fut-elle immédiatement accueillie par la plupart des administrations étrangères, et le réseau télégraphique européen s'étendit bientôt de l'Algérie jusqu'aux latitudes les plus élevées, et du Portugal jusqu'aux limites de la Russie.

C'est alors que fut organisé le service météorologique des ports. La Chambre de commerce du Havre avait demandé à M. le ministre de l'intérieur que la télégraphie électrique lui fît connaître, dans l'intérêt des navigateurs, la direction des vents régnants à Brest et à Cherbourg. En communiquant cette demande à M. Le Verrier, le ministre de l'Instruction publique le priait de lui faire savoir s'il était en mesure d'établir un service météorologique régulier entre les divers ports du littoral.

M. Le Verrier, qui avait depuis longtemps reconnu

l'utilité de telles communications, répondit que rien ne s'opposait à cette nouvelle transmission des bulletins météorologiques, et, peu de temps après, d'accord avec une commission désignée par le ministre de la Marine, il établissait le service qui fonctionne depuis lors.

M. Le Verrier disait très-justement à ce sujet :

« Signaler un ouragan dès qu'il apparaîtra en un coin de l'Europe, le suivre dans sa marche au moyen du télégraphe, et informer en temps utile les côtes qu'il pourra visiter, tel devra être le dernier résultat de l'organisation que nous poursuivons. Pour atteindre ce but, il sera nécessaire d'employer toutes les ressources du réseau européen, et de faire converger les informations vers un centre principal, d'où l'on puisse avertir les points menacés par la progression de la tempête. »

Cette dernière partie de l'entreprise ne pouvait être dès lors réalisée. Il fallait attendre que le temps, en amenant dans chaque État intéressé le développement du service maritime régulier, eût démontré son utilité, et prouvé qu'en reliant ce service au service télégraphique international, l'approche des tempêtes pouvait être, dans la plupart des cas, signalée aux ports menacés.

—————

Les mêmes justes idées qui dictaient la lettre de M. Le Verrier à M. Airy, inspiraient au commandant Maury, presque au même moment, les lignes suivantes, extraites d'une lettre qu'il nous avait fait l'honneur de nous adresser :

Observatoire de Washington, 12 avril 1860.

« ...... J'espère de nouvelles conquêtes. Mais afin de les rendre plus complètes, il est nécessaire de demander la coopération journalière du télégraphe électrique et la communication périodique des recueils d'observation. La nécessité d'étendre bientôt à la terre le système suivi à la mer avait été signalée par la conférence de Bruxelles *. Durant ces dernières années, j'ai maintes fois déclaré qu'il était urgent d'appeler à notre aide

* Conférence internationale tenue à Bruxelles, sur l'invitation du gouvernement des États-Unis, à l'effet de s'entendre sur un système uniforme d'observations météorologiques à la mer (août et septembre 1853).

la télégraphie électrique. Par un système bien
établi d'observations et de communications journalières, chaque désastreuse tempête peut être
annoncée à l'avance sur toute l'étendue de la ligne
qu'elle doit parcourir.

» Les récents progrès de la météorologie et le
concours du télégraphe électrique, permettent de
placer, pour ainsi dire, des cordons de sentinelles
avertissant de l'entrée de l'ouragan sur chaque
territoire, ou de l'apparition de tout autre phénomène météorologique important.

» On ne peut trop insister sur les avantages de
tels avertissements donnés aux cultivateurs dans
nos champs, ou aux marins dans nos ports et
aux approches de nos rivages. L'économie qui en
résulterait pour les grandes nations *télégraphiques*
serait certainement très-considérable.

» J'espère voir bientôt une nouvelle conférence
dont l'objet principal serait d'étendre notre système de la mer à la terre, d'inaugurer le télégraphe électrique comme l'instrument indispensable aux progrès de la météorologie, de prendre
enfin un nouveau point de départ. »

L'amiral Fitz Roy, dans la séance du **28** mars

1862 de l'Institution royale de la Grande-Bretagne,
a donné des renseignements pleins d'intérêt sur
la télégraphie météorologique. Nous citerons quelques passages de son remarquable rapport [*] :

« L'idée de transmettre par le télégraphe, des
stations les plus éloignées à un point central, les
variations météorologiques, de manière à pouvoir
quelquefois annoncer l'approche d'une tempête,
a pris naissance dans une réunion de l'association britannique tenue, en 1859, à Aberdeen,
sous la présidence de ce prince si regretté, qui avait
consacré son existence aux créations les plus
utiles. Il fut alors décidé par le conseil de l'association qu'il serait adressé au gouvernement de
la reine une adresse tendant à faire mettre à
l'étude un système de communication télégraphique qui permît d'annoncer aux localités éloignées
l'approche des tempêtes. »

On fit usage, pour la première fois, de ces
signaux d'avertissement, au commencement de
1861, et, au mois d'août, les premières prévisions
du temps furent publiées.

---

* Voy. la *Revue maritime et coloniale*, 1862, 19ᵉ livraison.

« Ce ne sont pas des prédictions dans le sens
réel du mot ; l'expression de prévision *(forecast)*
est simplement applicable à une opinion résultant
de combinaisons et de calculs qui peuvent se trouver
parfois démentis. Mais, de jour en jour, l'observation de faits nombreux, révélés avec soin, rend
ces erreurs moins probables et fait faire de sérieux
progrès à l'étude de la météorologie dynamique. »

L'amiral Fitz Roy résume ensuite les théories
nouvelles relatives aux courants atmosphériques
et il indique les lois qui président à la formation
des ouragans ou cyclones, dont le mouvement
rotatoire suit invariablement une direction déterminée, différente dans chaque hémiphère. La
marche progressive de ces violentes tempêtes peut
donc être tracée approximativement dès leur apparition, et signalée, comme nous l'avons déjà dit,
dans les localités menacées.

Après avoir énuméré les faits nombreux que
ces théories nous découvrent, et qui peuvent être
relevés dans les observatoires, le savant amiral dit
très-bien : « Une chose est certaine, c'est que,
bien que nos conclusions puissent être incorrectes
et nos jugements erronés, les lois de la nature et

13

les signes révélés à l'homme sont toujours vrais.
Il s'agit seulement de bien les interpréter. »

Cette interprétation, grâce à la multiplication
des observatoires, au perfectionnement des instruments, et surtout à la coordination générale des
phénomènes, fera, sans nul doute, de rapides
progrès, et à en juger par ce qui est acquis, il y a
tout lieu d'espérer, dit aussi l'amiral Fitz Roy,
« que bientôt la dynamique météorologique sera
soumise à l'analyse mathématique et à des formules précises. »

Le service météorologique comprend cinq dis-
tricts, dont les observatoires, situés tout autour des
îles Britanniques, enregistrent les effets statiques
indiqués par les instruments, plusieurs heures et
quelquefois plusieurs jours avant que les résultats
dynamiques se soient manifestés. Lorsque ces indications sont en désaccord avec l'expérience et
qu'il y a lieu de s'en défier, on ajoute sur les
tables quotidiennes qui annoncent le temps les
mots: *douteux, incertain.* La moyenne générale est
donnée pour le jour ou les deux jours suivants, et
pour un district plutôt que pour une localité.

Il faut évidemment beaucoup d'aptitude et

d'expérience pour séparer dans son esprit l'apparence du temps des considérations abstraites qui
permettent de donner des prévisions suffisamment
exactes. Mais, en résumé, on est arrivé, malgré
l'imperfection actuelle des renseignements, au but
principal qu'on se proposait d'atteindre ; c'est-à-
dire que « si l'on tient bonne note des rapports
reçus par le télégraphe, aucune tempête dangereuse ne peut survenir sans que l'approche n'en ait
été précisément annoncée. »

M. Le Verrier, chargé par M. le ministre de
l'Instruction publique de déterminer la position la
plus favorable à l'établissement d'un nouvel observatoire dans le Midi, assistait, en juin 1862, à
une séance de la Société académique du Var, réunie à Toulon pour le recevoir, et y donnait aussi
l'historique de la formation et des développements
du service météorologique dont la direction lui est
confiée. En organisant le service spécial des ports,
M. Le Verrier prévoyait que le temps amènerait
dans chaque État maritime l'établissement d'un

service semblable, et qu'il deviendrait nécessaire
de faire converger vers un centre principal les avertissements donnés par les diverses stations, afin de
pouvoir les transmettre avec une connaissance
plus exacte et plus complète de l'ensemble des
phénomènes observés. Si, comme il est permis de
l'espérer, on choisissait Paris pour y établir cette
station centrale, il serait nécessaire d'y organiser un
observatoire météorologique présentant toutes les
garanties désirables pour arriver aux meilleurs résultats. Cet observatoire, suivant le projet indiqué
par M. Le Verrier, serait dirigé par des officiers de
marine, habitués à porter toute leur attention sur
les circonstances du temps, afin d'assurer la rapidité et la sécurité de la navigation. Ces officiers seraient de service à tour de rôle, comme sur les bâtiments. Les fonctions auxquelles ils seraient appelés auraient un caractère de grandeur et d'utilité
qui, sans nul doute, exciterait leur zèle, leur dévouement, et conduirait bientôt peut-être à d'importantes découvertes sur la marche et la forma
tion des phénomènes atmosphériques.

La récente construction d'électro-sémaphores
sur toute l'étendue de notre littoral, de Dun-

kerque à Bayonne, et de Port-Vendres à Menton, a permis au ministère de la Marine d'organiser le service que nous avons mentionné au début de ce résumé, et dont nous allons reproduire, d'après l'instruction officielle, les principales dispositions.

Ce service comprend :

La transmission des documents demandés par le ministère, le dépôt de la marine, ou par l'amiral Fitz Roy ; la réception, l'affichage et la publication des télégrammes de l'amiral Fitz Roy, et des avis du temps des ports voisins; l'annonce immédiate des tempêtes, transmise par les sémaphores ou les télégraphes dans les localités secondaires qui ne recevront pas directement de Paris le bulletin météorologique.

Tous les jours, à huit heures du matin et à trois heures du soir, les ports de Dunkerque, Boulogne, le Havre, Cherbourg, Brest, Lorient, Rochefort, Bayonne et Toulon, enverront au ministère de la marine le bulletin météorologique du temps.

Tous les matins, vers dix heures, les ports recevront le bulletin météorologique indiquant l'état du temps et de la mer dans cinq ou six ports voisins ou sur la côte anglaise.

Ils recevront, en outre, vers deux heures (de l,
Dunkerque à Bayonne), le bulletin de prévision du ii
temps de l'amiral Fitz Roy pour le lendemain et le il
surlendemain.

Toutes ces dépêches seront traduites aussitôt ii.
leur arrivée et affichées sur les points les plus fré-
quentés par les marins ou les commerçants, tels e
que les bureaux du capitaine de port et de la il
douane, la chambre de commerce, etc.

Ces dépêches seront en outre communiquées aux i,
journaux qui s'impriment dans la soirée.

En cas d'annonce de mauvais temps, des avertissements seront immédiatement envoyés par les
capitaines de port à l'aide des sémaphores et des
télégraphes, aux diverses localités maritimes de
leur arrondissement qui ne reçoivent pas de dépêches du ministère de la marine.

Le bureau central établi au ministère recevra
tous les matins, à huit heures et demie, et tous les
soirs à trois heures et demie, l'état météorologique des ports français, et il fera la distribution
de ces dépêches dans les ports désignés. Les bulletins envoyés par le ministère ne comprennent
que l'état du vent, de la mer et du ciel; les bul-

letins des ports indiquent en outre la hauteur du
baromètre et du thermomètre.

Vers une heure et demie ou deux heures, on
recevra directement au bureau central le télégramme de l'amiral Fitz Roy; ce télégramme sera
immédiatement traduit et envoyé dans les ports.
Les ports de Brest, Lorient et Rochefort, enverront
chacun directement à l'amiral, à Londres, leur bulletin ordinaire. En été, on signalera aux ports de
la Manche le temps des mers du Nord pendant tout
le temps que la navigation y sera libre.

Cet important service recevra sans doute une
nouvelle extension par suite de la très-récente
publication, dans le *Bulletin météorologique* de
l'Observatoire impérial, de prévisions du temps
s'étendant à tout le littoral, et basées, comme
celles de l'amiral Fitz Roy, sur la coordination et
la comparaison des diverses indications télégraphiques recueillies les jours précédents. Des cartes
sur lesquelles sont tracées les courbes barométriques destinées à représenter l'état du temps, sont
jointes au Bulletin [*].

[*] Voyez la note A.

L'utilité de telles communications est évidente ;
mais rien ne peut la faire mieux ressortir que le
simple chiffre des sinistres en mer pendant l'année
1859, qui a précédé l'installation du service météorologique des ports ; le nombre total s'est élevé
à 2,320. La part de la France, dans ces désastres
maritimes, était de 472 navires naufragés; l'Angleterre en comptait pour sa part 1,301. Sans
doute tous ces bâtiments n'auraient pu être préve-
nus par la télégraphie électrique de l'approche du
mauvais temps ; mais un bon nombre, à l'ancre
dans des ports mal abrités et sur des rades forai-
nes, voisins de la côte ou au moment de mettre
sous voiles, auraient été avertis assez tôt pour
éviter le naufrage, ou pour se mettre en position de lutter avec plus d'avantage contre la
tempête.

Nous citerons à ce sujet quelques faits rapportés
par l'amiral Fitz Roy, qui font ressortir toute l'importance de la télégraphie météorologique :

« L'amiral Evans écrit que dans la soirée d'un
jour où l'on avait reçu l'avis d'être sur ses gardes
à Liverpool, un ouragan soudain éclata sur la
Mersey, et aurait causé d'immenses dégâts sans les

précautions qu'avait prises le capitaine du port, averti par le signal. —

» Trois bâtiments de guerre étaient dans le port de Plymouth, prêts à partir pour les Indes occidentales. Ils attendirent deux jours sur l'avis qui leur fut donné, et prirent la mer pendant une accalmie, entre deux ouragans. Le premier avait sévi avant leur départ ; le second était un violent cyclone qui traversa la France, les Pays-Bas, le Danemark, et dont le demi-cercle balaya nos côtes du sud et du sud-est. Ce dernier atteignit les bâtiments, et fut même utilisé par eux. Poussés en bonne route par ses premières raffales, ils purent gagner l'Atlantique sans encombre. —

» Toutes nos côtes de l'est avaient été prévenues de la tempête pendant laquelle la corvette prussienne *l'Amazone* se perdit. Le gouvernement prussien fut si frappé de ces faits, qu'il adressa une demande officielle au *Board of trade* pour avoir des renseignements qui le missent à même d'organiser dans la Baltique un service identique, communiquant avec l'Angleterre. —

» Le 12 novembre 1861, un avis fut expédié à Yarmouth, dans la soirée. On n'avait pas de

13.

signaux de nuit et l'on ne put rien faire que le
lendemain, après que tous les pêcheurs avaient, de
grand matin, gagné le large. Dans l'après-midi
une violente tempête s'éleva, et, pour sauver leurs
bateaux, les pêcheurs durent couper et abandon-
ner leurs filets et engins. Les pertes, qui s'élevaient
à près de 4,000 liv. sterl., auraient pu être évi-
tées par des signaux de nuit. Ces signaux sont prêts
aujourd'hui. — »

Le dernier rapport du bureau météorologique
du *Board of trade* *, rédigé par l'amiral Fitz Roy,
donne le résumé de tous les signaux d'avertissement compris entre le 1er mars 1862 et le 1er mars
1863, avec l'indication du temps et des vents qui
ont suivi ces signaux. Il résume aussi les renseignements donnés par les marins et les pilotes dans
les divers points de la côte où sont établies des
stations barométriques. Ces deux documents font
ressortir avec évidence le progrès et l'utilité de la
météorologie pratique, depuis la première époque
de ses applications, en 1854. En France, les officiers supérieurs de la marine, chargés de l'organi-

* *Report of the meteorologic office of the Board of trade,*
1863.

sation du service météorologique des ports, ont constaté, dans un très-grand nombre de circonstances, l'accord des prévisions * de l'amiral Fitz Roy et des temps observés.

Enfin, la dernière assemblée des actionnaires du dock de Stonehouse, à Plymouth, attribuait la principale diminution de ses revenus « à l'absence des bâtiments demandant à se servir du bassin de radoub, pour réparer les dommages occasionnés par les tempêtes et les accidents de mer. »

Nous avons dit que l'agriculteur, aussi bien que le marin, pourrait profiter de ces avertissements. Ainsi nous nous rappelons qu'à la suite d'un violent coup de vent de nord-ouest qui dévasta les campagnes du Midi, le Comice agricole de Toulon adressa au ministre de l'Agriculture une lettre dans laquelle il faisait ressortir les importants services que pourrait rendre, dans de semblables circonstances, la télégraphie électrique, en permettant au cultivateur de prendre les dispositions nécessaires pour amoindrir les ravages de l'ouragan.

En Hollande, les journaux publient chaque jour

* Ces prévisions sont reproduites par le *Moniteur de la Flotte.*

un tableau officiel indiquant la hauteur barométrique, la direction et la force du vent, l'état de
la mer et du ciel, et la température d'un certain
nombre de villes, parmi lesquelles se trouvent Gro-
ningue, Helder, Yarmouth, Portsmouth, Plymouth,
Le Havre, Paris, Brest, la ville de Maestricht servant
de centre et de point de comparaison. L'organisa-
teur de ce service, M. Buys-Ballot, directeur de l'Observatoire d'Utrecht, a tiré de ces communications
une série d'observations, desquelles il résulte que
si, un jour, la hauteur barométrique des villes au
nord de Maestricht est inférieure à celle des villes
situées plus au sud, on doit s'attendre, pour le lendemain, à du vent d'ouest, lequel sera d'une violence proportionnelle à la différence des hauteurs
barométriques. Cette prédiction, déjà plusieurs
fois vérifiée, est de la plus grande utilité. Sur les
côtes de Hollande les vents d'ouest amènent les
grandes tempêtes qui, refoulant l'eau des fleuves à
leur embouchure, menacent les digues qui proté-
gent le pays. Déjà, par des mesures prises à temps,
sur les indications du tableau météorologique, on
a pu éviter des accidents et peut-être même de
grands désastres.

Il est désirable que les gouvernements s'entendent pour adopter un système unique d'observations et de signaux. Chaque nation aurait d'ailleurs
évidemment son rôle spécial dans une telle association. Ainsi, tandis que l'Angleterre est aujour-
d'hui placée comme une sentinelle avancée pour
annoncer les tempêtes redoutables qui, l'hiver,
descendent de la mer du Nord; la France, par sa
position sur l'Atlantique, peut nous mettre en
garde contre les coups de vent du sud et de l'ouest,
si violents parfois pendant l'automne.

D'après les observations recueillies par l'Institut
Smithsonien, les tempêtes, en Amérique, sui-
vraient presque toujours deux routes principales :
l'une partant des Montagnes-Rocheuses et s'étendant vers l'est; l'autre commençant dans la mer
des Antilles et suivant le cours du Gulfstream.
Les journaux de bord ont permis de constater que
sur ce dernier trajet les ouragans traversent quelquefois l'Atlantique et viennent frapper nos côtes,
marquant leur passage par de nombreux sinistres.

Les faits que nous avons résumés montrent
toute l'importance de semblables observations, en
indiquant le progrès que doit en attendre la
météorologie lorsqu'elles seront suffisamment multipliées.

« La météorologie, disait, il y a quelques années,
M. Kaemtz, est une science qui ne saurait avancer
que par le concours d'un grand nombre d'observateurs zélés et persévérants. Son avenir est dans
l'association. »

Peu de temps après, tant les progrès scientifiques sont aujourd'hui rapides, le commandant
Maury écrivait les lignes suivantes :

« Avec le retour de la paix européenne nous
pouvons espérer que le projet d'une seconde conférence météorologique appellera de nouveau
l'attention des grandes puissances du globe. Le
moment semble propice : perfectionnement des
instruments, extension des lignes de télégraphie
électrique, approbation et encouragement des savants les plus distingués, coopération des marins (13), progrès de la science, tout, en un mot,
concourt à rendre de plus en plus désirable l'adoption d'un système universel d'observations, tant

sur terre que sur mer ; tout s'accorde à montrer la réalisation de ce plan comme répondant à l'un des besoins de notre époque.

» Tous les états de la chrétienté sont plus ou moins entrés dans cette voie ; tous ont établi des observatoires, les ont munis d'instruments, et ont organisé un service météorologique dans la mesure respective de leurs moyens. La dépense est donc faite, les travailleurs sont prêts ; il ne reste qu'à les réunir sous une direction unique, de laquelle naîtront l'ensemble et la féconde harmonie qui manquent encore.

» En France, l'Académie des sciences a toujours été favorable au plan universel que nous proposons ; en Russie, Kupfer l'a défendu dès l'origine ; M. Quételet, le savant président de la conférence de Bruxelles, le soutient avec ardeur ; M. Dove, l'un des éminents météorologistes du continent, est, l'an dernier, venu lui-même de Berlin à Liverpool, pour lui prêter son appui personnel, dans la réunion (*British Association*) où il devait être discuté ; Ka mtz, de Dorpat ; Heiss, de Munster ; Kreil, de Vienne ; Lamont, de Bavière, en sont également partisans. Enfin l'Angleterre, la France, la Hollande, l'Espagne, le Portugal, le Danemark, la Suède et la Norwège, Naples, le Saint-Siége, les gouvernements de l'Amérique du Sud et les autorités de l'Inde anglaise, ou donnent leur assentiment au projet de conférence, ou, par leurs tendances éclairées et libérales, permettent d'espérer que l'on ne rencontrera aucune opposition à un plan dont la réalisation intéresse également le progrès de la science et le bien-être de la grande famille humaine. »

Mais il ne suffit pas que l'influence, chaque jour croissante, des sentiments de solidarité fasse adopter en principe et réaliser dès aujourd'hui en partie cette féconde alliance. Il faut encore que l'achèvement du circuit électrique général soit activement poursuivi, afin d'arriver à l'organisation d'un système universel.

La Russie s'occupe du trajet qui unirait les deux mondes par les îles du Japon, les Kouriles et les Aleutiennes. M. Vérard de Sainte-Anne, auteur d'un projet dont il a exposé les avantages dans plusieurs publications, propose de joindre le réseau télégraphique européen avec le réseau anglais de l'Inde, au moyen d'une ligne intermédiaire.

Du réseau indien partirait une nouvelle ligne qui atteindrait le Japon par la Cochinchine et la Chine, et passerait ensuite en Amérique par les mêmes points que la ligne russe. D'un autre côté, l'Angle-terre se prépare à tenter de nouveau la pose du câble électrique qui joindrait l'Irlande à Terre-Neuve. En France, M. Balestrini, membre de la Société des ingénieurs civils de Paris, vient de faire adopter la direction d'un tracé qui embrasse tout le bassin de l'Atlantique. Ce tracé part du cap Saint-Vincent, touche aux côtes occidentales d'Afrique, à Madère, aux Canaries, à Saint-Louis et à Gorée; il traverse l'Océan, des îles du Cap-Vert à la côte nord du Brésil, où il se bifurque pour aller d'un côté jusqu'à Rio-Janeiro et les Républi-ques sud-américaines; de l'autre, par les côtes nord de l'Amérique méridionale, jusqu'aux Guya-nes, et, par les Antilles et les colonies espagnoles, jusqu'au réseau de l'Amérique du Nord, à l'aide duquel la ligne se prolongerait vers les rives de l'océan Pacifique.

Une réunion des ministres plénipotentiaires des diverses nations sur le territoire desquelles la ligne télégraphique nouvelle doit passer, a eu lieu au

ministère des Affaires étrangères, sous la présidence
de M. Drouyn de Lhuys. Le but de ce congrès international était de régler les premières conditions
d'établissement du réseau qui doit rattacher l'Europe aux deux Amériques, et d'assurer à cette
grande entreprise la protection des gouvernements
qui auront la gloire de la réaliser.

Un savant illustre, M. Is. Geoffroy Saint-Hilaire,
disait que « l'époque où nous vivons est par excellence celle des grandes applications des sciences
au bien-être des peuples (14). » C'est par ces applications, par l'échange permanent de mutuels
services qui en découlent, que nous voyons incessamment grandir la puissante solidarité des nations
les plus éclairées, et que nous pouvons dès maintenant prévoir leur future union, leur bienfaisante
influence sur les peuples moins avancés, appelés à
partager la même généreuse et féconde activité.

XIII

ORAGES MAGNÉTIQUES

On doit à un savant officier de la marine française, M. L. Duperrey, d'ingénieuses cartes où les variations du magnétisme terrestre sont représentées par une série de courbes. La position des pôles, la direction et l'inclinaison de l'aiguille aimantée, l'intensité de la force magnétique y sont clairement indiquées pour toute la surface du globe. Ces indications ne se rapportent toutefois qu'à des époques déterminées, les différents éléments que nous venons de désigner étant soumis à de continuelles fluctuations. Il faudrait pouvoir comparer toute une suite non interrompue de cartes pour pénétrer au sein de la mystérieuse vie intérieure de la Terre. La corrélation entre les courants magnétiques et le foyer central correspond peut-être à celle de la circulation nerveuse et de la chaleur vitale dans nos organismes. Les astronomes ont découvert, en outre, de très-remarquables rapports, existant entre les accroissements et les décroissements périodiques des moyennes annuelles obtenues avec les variations diurnes de la déclinaison, et l'apparition plus ou moins fréquente des taches du soleil.

La part qui revient au magnétisme dans la formation des phénomènes atmosphériques n'a pas encore été suffisamment déterminée. Cette nouvelle voie d'investigation promet d'intéressantes découvertes aux savants. Le commandant Maury attribue à cette force la modification des grands courants aériens, et il fonde son opinion sur la constatation, faite par Faraday, des propriétés paramagnétiques (15) de l'oxygène.

Suivant le P. Secchi, directeur de l'Observatoire, à Rome, l'aiguille aimantée serait un instrument propre à la prévision des tempêtes. Il a vu certaines oscillations correspondre, d'une manière constante, à l'apparition d'un nuage orageux à l'horizon.

C'est à l'électricité atmosphérique qu'on doit attribuer cette connexion, démontrée, du reste, depuis longtemps dans le phénomène des aurores polaires.

Dès que l'usage de la boussole se fut répandu, on remarqua des perturbations extraordinaires dans la direction de l'aiguille. On la voyait tantôt osciller brusquement, tantôt, si l'on peut ainsi s'exprimer, tressaillir ou frissonner. Les marins caractérisaient très-bien cet état anormal, en disant que la boussole était affolée. On crut d'abord y remédier par une nouvelle et très-forte magnétisation. Halley, le premier, soupçonna un rapport entre ces mouvements singuliers et la lumière polaire.

Les perturbations de la boussole précèdent de plusieurs heures, et quelquefois d'un jour entier, l'apparition de l'aurore. L'équilibre rompu entre les forces vitales du globe tend à se rétablir par un orage magnétique, qui, au lieu d'éclater dans un espace relativement limité, comme les orages ordinaires, s'étend à toute la surface du sphéroïde terrestre. On observe sur l'aiguille des mouvements soudains, séparés par des repos absolus. Leur am-plitude est variable ; elle augmente en approchant des pôles. Quelques physiciens, Humboldt notam -

ment, ont remarqué le retour périodique du phénomène à des heures déterminées. « J'étais si
convaincu, dit-il dans *Cosmos*, que les orages magnétiques devaient se produire par groupes pendant plusieurs nuits de suite, que j'annonçai à
l'Académie de Berlin les particularités de ces perturbations extraordinaires, et que j'invitai mes
amis à me venir voir, à heure fixe, pour se donner le plaisir de ce spectacle. »

Depuis la création du réseau des télégraphes
électriques, on a vu ces orages se manifester par
des effets plus frappants encore. Des courants
parcourent tout à coup les fils, les sonnettes sont
longtemps agitées, et les dépêches fréquemment
interrompues par le jeu spontané et anormal des
appareils. D'autre part, on a pu se servir d'une
circulation ainsi établie par le fluide terrestre
pour communiquer entre deux stations éloignées.

Pour que les orages magnétiques correspondent
à des aurores visibles, il faut que les signes qui
les annoncent atteignent une assez grande intensité. Les effluves lumineuses apparaissent longtemps après que ces signes ont commencé à se
manifester. Elles constituent l'acte final qui réta-

blit l'équilibre. Un arc brillant se forme autour d'un segment de couleur violette dont le sommet se trouve toujours dans le méridien magnétique. De rapides ondulations le parcourent pendant que des colonnes de feu jaillissent de son contour, en s'élevant jusqu'au point du ciel vers lequel se dirige l'aiguille d'inclinaison, et y forment une splendide couronne. Qu'on se représente, dans les régions arctiques, une immense voûte étincelante au-dessus du sol couvert de neige, « servant de cadre éblouissant, dit un observateur, à une mer calme, et noire comme l'asphalte. »

La couronne ne dure que quelques minutes, les colonnes et les arcs se dissolvent ; bientôt on ne voit plus sur la voûte céleste que de larges taches nébuleuses, de couleur cendrée. Les vibrations de l'aiguille aimantée diminuent aussi peu à peu. Notre planète, qui s'est un moment enveloppée de sa propre lumière, rentre de nouveau dans une période de calme et d'obscurité.

La relation qui, d'après le P. Secchi, existe entre les variations du magnétisme et celles des éléments météorologiques, expliquerait la coïncidence récemment observée entre une série de

violentes tempêtes et l'apparition de grandes aurores polaires.

Cette coïncidence avait déjà été signalée dans
un ouvrage peu connu * et plein d'intéressantes
observations, dont l'auteur, M. P. Murphy,
s'exprime ainsi : « Lorsque les aurores apparaissent, particulièrement vers l'époque des équinoxes,
on doit les considérer comme des avertissements
pour tenir les hommes en garde contre les orages
dont ces phénomènes sont les précurseurs, et qui
les suivent presque invariablement. » A l'appui de
cette opinion, M. Murphy cite les faits suivants.
Pendant l'automne de 1827 parurent les aurores
boréales les plus remarquables que l'on eût vus,
depuis vingt ans, tant en Europe qu'en Amérique;
elles précédèrent une série de tempêtes et de grands
orages qui éclatèrent dans les deux continents.
Sept jours après l'aurore du 8 septembre 1828,
un ouragan, accompagné de fortes décharges électriques, causa de nombreux désastres sur toute
l'étendue des côtes du nord de l'Europe. Une
superbe aurore boréale, aperçue à Saint-Péters-

* *Rudiments des forces primaires de la gravitation, du magnétisme et de l'électricité.* — Paris, 1830.

bourg le 5 mai 1830, fut suivie de terribles orages
et de grandes pluies, qui arrivèrent à la fois, peu
de jours après, en Russie, en Prusse, en France,
en Angleterre et en Amérique. Les phénomènes de
l'aurore polaire, dit M. Murphy, sont donc liés
aux temps d'orage qui leur succèdent après une
période de quelques jours ; ces violentes perturbations commencent ainsi dans la région supérieure
de l'atmosphère, d'où elles descendent graduelle-
ment jusqu'à celle qui touche la surface de la
terre.

Les aurores boréales de 1853, 1859 et 1862 ont
été aussi accompagnées de perturbations atmosphériques qui ont occasionné de nombreux sinistres sur toutes les mers. Lorsque des masses
abondantes de vapeur sont entraînées par les courants contre-alizés vers les régions polaires, les
décharges électriques qui constituent les aurores
deviennent plus fréquentes par la présence même
de ces vapeurs, et le phénomène acquiert plus
d'intensité. D'un autre côté les mauvais temps
augmentent aussi en raison directe de l'afflux des
nuages.

Ajoutons que ces aurores ont été suivies d'une

dépression générale du baromètre sous les latitudes
élevées, et que la courbe habituellement décrite
par le Gulfstream s'est déplacée d'une manière
anormale. Des pluies très-fréquentes ont dû produire en effet un plus grand dégagement de calorique latent et diminuer par suite la pression de
l'atmosphère. L'abondance de l'eau tombée a eu
aussi pour résultat de grossir les courants qui
descendent du pôle nord et dont l'action a modifié
le cours du Gulfstream.

Les astronomes diffèrent d'opinion au sujet du
brillant phénomène de la lumière zodiacale. Les
uns y voient une immense atmosphère du soleil,
de forme lenticulaire, ou un anneau nébuleux,
aplati, circulant librement dans l'espace compris
entre les orbites de Vénus et de Mars. Pour d'autres, elle serait due à la présence d'un semblable
anneau, entourant la Terre à l'intérieur de l'orbite
de la Lune. Si les nouvelles observations récemment recommandées par l'Académie des sciences
faisaient prévaloir cette dernière hypothèse, on trouverait dans l'influence exercée par la lumière zodiacale un élément météorologique important. Des

recherches sur les variations de cette lumière, son intensité, son uniformité ou son intermittence, pourraient établir des rapports entre ces variations et nos phénomènes atmosphériques. Si au contraire la nébulosité entoure le soleil, on doit probablement lui attribuer les bolides et les étoiles filantes qui viennent traverser l'atmosphère, dont les perturbations seraient en corrélation, d'après les observations persévérantes de M. Coulvier-Gravier, avec le nombre, l'éclat et la direction de ces météores.

Nous avons indiqué la correspondance des fluctuations observées dans la circulation magnétique de notre planète, avec les changements qui s'opèrent dans la photosphère solaire et qui sont probablement en corrélation avec le magnétisme de l'astre lui-même.

Suivant J. Herschell (*Observations astronomiques du cap de Bonne Espérance*), « les taches seraient assimilables à ces régions de la surface de la terre où règnent accidentellement les ouragans et les tornades : la couche supérieure, temporairement entraînée vers le noyau de l'astre, déplace les deux couches de matière lumineuse inférieures, qui peuvent être considérées comme formant une limite ordinairement tranquille entre les courants inférieurs et supérieurs. La plus haute de ces couches est déplacée sur une plus grande étendue que la plus basse, dont l'ouverture laisse apercevoir la surface opaque du soleil. »

« Si nous nous rappelons, ajoute Piddington après avoir cité ce passage, que les taches solaires apparaissent seulement dans deux zones, à 35° environ nord et sud de l'équateur du soleil, qu'elles sont séparées par une ceinture équatoriale, où l'on aperçoit très-rarement des taches, et que l'existence d'une atmosphère autour du soleil est aujourd'hui presque universellement reconnue, nous sommes frappés de la grande similitude, si bien observée par ce savant illustre, et nous pouvons aisément concevoir comment nos cyclones, vus d'une autre planète ou de la lune, pourraient avoir aussi l'aspect de taches, plus ou moins circulaires, selon leur place sur le disque de la terre et l'inclinaison de leur vortex. »

Cette idée d'Herschell, rapprochée de la découverte du lien qui paraît exister entre nos tempêtes et les manifestations magnétiques de la planète, donne une nouvelle preuve de la solidarité qui unit tous les astres de notre système. Il faudrait rechercher d'autres confirmations en observant soigneusement avec de puissants instruments les bandes nuageuses de Jupiter, dont les mouvements indiquent une circulation aérienne analogue à celle de la terre. Les taches brillantes qui, à la surface de Mars, marquent l'étendue des glaciers polaires, les lueurs observées sur la partie obscure de Vénus, qu'Humboldt compare à celles de l'aurore boréale, pourraient donner aussi des indices de l'unité des phénomènes magnétiques à la surface des planètes, et de la corrélation de ces phénomènes avec les variations magnétiques de l'astre central. Il est d'ailleurs remarquable que les changements de lumière étudiés dans quelques étoiles, offrent des périodes analogues à celles qui ont été observées dans la photosphère du soleil.

Humboldt montre toute l'importance de ces phénomènes dans un remarquable passage de *Cosmos* :

« L'étoile du col de la Baleine (*Mira Ceti*) varie de la deuxième à la onzième grandeur, et va même

14.

jusqu'à disparaître; η du Navire Argo oscille entre
la quatrième et la première grandeur; elle atteint
même l'éclat de Canopus et presque celui de Sirius.
Si notre soleil a éprouvé des variations semblables,
ou seulement une faible partie des changements
d'intensité dont nous venons de donner le tableau
(et pourquoi serait-il différent des autres soleils?),
de pareilles alternatives d'affaiblissement et de re-
crudescence, dans l'émission de la lumière et de la
chaleur, peuvent avoir eu les conséquences les plus
graves, les plus formidables même, pour notre planète; elles suffiraient amplement à expliquer les
anciennes révolutions du globe et les plus grands
phénomènes géologiques. »

Ces rapprochements nous inspirent un sentiment semblable à celui que nous éprouvions en
présence des merveilleuses applications de l'analyse spectrale, qui nous révélait dans les plus
lointaines étoiles une composition minérale analogue à celle du soleil et de notre propre globe. La
science, en multipliant ainsi les preuves de l'unité
matérielle des astres, rend de plus en plus probable leur unité spirituelle, c'est-à-dire l'existence
des âmes qui les peuplent.

XIV

PRÉVISIONS DU TEMPS

Nous avons dit comment l'apparition des tempêtes peut être prévue, et nous avons indiqué quelques-unes des observations qui rendent cette prévision possible. Dans notre aperçu sur les orages magnétiques, nous avons aussi attiré l'attention sur la corrélation des perturbations atmosphériques et des oscillations de l'aiguille aimantée, et nous avons cité à ce sujet les recherches du savant directeur de l'Observatoire de Rome. Pour bien comprendre la nature des signes qui peuvent servir de point de départ aux prédictions rationnelles du temps, il importe que nous revenions sur cette citation, et que nous fassions connaître les intéressantes conclusions que le P. Secchi donne à

ses récents Mémoires * traitant de la connexion
qui existe entre les phénomènes météorologiques
et les variations du magnétisme terrestre.

Les faits relatifs à cette connexion s'appuient sur
les expériences suivantes.

Les grandes variations d'intensité magnétique
qu'on remarque aux approches d'un orage ou
d'une tempête ; — les. perturbations magnétiques
qui accompagnent toujours les dérangements du
temps ; — l'influence des vents régnants sur les
barreaux des instruments magnétiques ; — les
rapports de l'aurore boréale avec les variations du
temps.

L'électricité atmosphérique paraît être la cause
immédiate de ces diverses relations. Le P. Secchi
en donne pour preuves : la nature même de cette
électricité qui, dans certaines circonstances, se
décharge dans le sol et doit y produire des courants ayant nécessairement une influence sur la
circulation électrique des régions environnantes ;
— l'existence de ces courants, non-seulement

---

* *Intorno alla relazione che passa tra i fenomeni meteoro-
logici e le variazioni del magnetismo terrestre.* Quattro me-
morie del P. A. Secchi. — Roma, 1862.

durant les aurores boréales, mais encore pendant
les tempêtes ; — leurs rapports avec les courants
magnétiques ; — la nature de l'aurore polaire,
provenant comme on n'en peut plus douter, de
courants électriques.

Les précipitations atmosphériques, la pluie, la
rosée, sont les principales sources de cette électricité qui circule dans le sol. Parmi les décharges qui
l'y amènent, on doit compter encore celles de l'aurore boréale, qui ne se produit pas toujours dans
les hautes régions de l'atmosphère, mais souvent
dans les plus basses, comme le prouvent nombre de faits, notamment la projection des rayons
de l'aurore contre les objets terrestres. On a vu la
la lumière aurorale couronner les montagnes
d'Ecosse et les montagnes de glace de l'Océan
arctique.

Dans le récit d'une seconde expédition aux
rives de la mer Polaire, par le capitaine John
Franklin, on lit le passage suivant : « Les longues
nuits de décembre étaient embellies par la fréquente apparition de l'aurore boréale. Au moment
où ce phénomène se montrait dans sa plus grande
splendeur, le capitaine Franklin remarqua que

l'aiguille aimantée éprouvait des variations considérables. Les observations qui furent faites con-
vainquirent les officiers que les variations du compas suivaient la direction des rayons lumineux de
l'aurore, et le capitaine s'assura lui-même par des
observations particulières que le changement de
temps exerçait également une influence sur les
mouvements de l'aiguille. »

La théorie exposée par le P. Secchi n'exclut
point celles qui s'appuient surtout sur l'action du
soleil et de l'intérieur du globe. Nous verrons
bientôt qu'un changement notable dans l'état de
la photosphère solaire doit agir sur l'ensemble de
notre système planétaire par des voies encore inconnues, mais dont cependant certains faits incontestables affirment l'existence. D'un autre côté,
l'action de l'intérieur du globe peut exercer aussi
une grande influence, ainsi que semblerait le prouver l'interruption du courant magnétique, observée au Chili avant les tremblements de terre.

« Mon opinion, dit le P. Secchi, n'est nullement contraire à ces diverses observations. Elle
affirme seulement qu'un grand nombre de variations magnétiques irrégulières, restées jusqu'à pré-

sent inexpliquées, ont probablement pour cause
l'action des phénomènes météorologiques. Je suis
même porté à croire que les variations régulières
pourraient se rapporter à cette même cause. J'espère que de nouvelles études seront faites dans
cette direction, puisque théoriquement mes conclusions n'ont rien d'absurde, et puisque en pratique elles ont déjà conduit à d'utiles prévisions
concernant l'approche des tempêtes (16). »

Nous avons maintenant à donner aussi quelques explications sur un sujet que nous avons
seulement indiqué : la liaison du magnétisme terrestre avec les phénomènes cosmiques. Nous empruntons les détails suivants à une lecture faite en
mars 1862, à l'Université de Cambridge, par le
major général Sabine *.

Les phénomènes relatifs au magnétisme terrestre peuvent être séparés en deux classes distinctes:
ceux qui proviennent de notre globe et indiquent
l'état magnétique de la planète ; — ceux qui doivent être rapportés à des corps extérieurs à la
terre.

* Voy. la *Presse scientifique des Deux Mondes*. Livraison
du 1er septembre 1862.

Les observatoires magnétiques établis sur différents points du globe (17), à la demande de l'Association britannique pour le progrès des sciences, ont conduit à d'intéressantes expériences et à des découvertes qui ont amené bientôt la création d'une organisation plus complète. Le magnétisme terrestre s'est ainsi élevé à la dignité d'une science d'induction, poursuivant son progrès propre au moyen de recherches exécutées avec soin et de théories particulières.

On reconnut d'abord, au moyen d'observations faites en divers lieux, au même moment, que les variations subites et temporaires de l'aiguille aimantée avaient lieu simultanément. L'étendue de pays sur laquelle régnaient les perturbations empêchait de supposer qu'elles pouvaient provenir de troubles atmosphériques. L'intérêt de ces études a été depuis beaucoup accru par les résultats analogues d'observations simultanément faites en Europe et dans les stations britanniques situées au Canada, à Sainte-Hélène, au cap de Bonne-Espérance et en Tasmanie.

Bientôt on a pu conclure que malgré les irrégularités apparentes des perturbations, leurs effets

moyens sont strictement périodiques. On a de plus
constaté que le caractère de cette périodicité lui
assignait le soleil comme cause première. Les observations faites par Schwabe sur les taches du
soleil, depuis 1826 jusqu'en 1850, montraient que
la périodicité décennale de ces taches était en rapport avec le cycle des perturbations magnétiques, qui
avait eu son minimum en 1843-44, et son maximum en 1848-49. A la même époque, suivant les
observations de M. Coulvier-Gravier, le nombre
horaire des étoiles filantes pour l'apparition du
mois d'août, avait aussi atteint son maximum. Un
nouveau degré de probabilité était ainsi donné à
l'existence d'une connexion magnétique entre la
Terre et le corps central du système solaire. Durant les années suivantes, les observations conti-
nuées donnèrent des résultats qui confirmaient
l'existence du même cycle de variations.

Les grands mouvements du magnétisme terrestre n'ont pas seulement pour cause l'action du
soleil. Il existe dans chaque hémisphère deux centres d'action, de force inégale, où l'intensité
magnétique est extraordinaire; on dirait que l'influence perturbatrice entre par ces localités et se

14

propage au loin avec une influence décroissante.
De ces quatre points celui de la plus forte intensité
est le foyer américain, situé par 52° 19' de latitude
et 94° 20' de longitude, dans le sud-ouest de la
baie d'Hudson. Ce point est également remarquable par l'extraordinaire multiplicité des aurores
boréales qu'on y observe, phénomène connexe
avec les perturbations magnétiques.

« Les deux pôles de froid de l'hémisphère
boréal, dit à ce sujet un de nos plus savants
météorologistes, M. Renou, dans l'important
Mémoire que nous résumons plus loin, sont situés
à l'extrémité nord des continents de l'Amérique et
de l'Asie, par la raison bien simple que vers les
pôles les continents sont plus froids que la mer.

» Quoique les pôles de froid n'aient pas été
déterminés par des observations météorologiques
assez étendues, il est impossible de douter aujour-
d'hui que ces points soient les mêmes, ou à peu
près les mêmes que les pôles magnétiques *.

---

* Humboldt applique le mot pôle uniquement aux deux points
de la terre où l'inclinaison égale 90°, afin qu'ils ne soient pas
confondus avec les quatre points de la plus grande intensité
magnétique.

» On sait que l'aiguille aimantée, dirigée en 1660 sur le méridien, s'en est depuis cette époque éloignée vers l'ouest jusqu'en 1815 ; que, depuis cette année, elle se rapproche du méridien, qu'elle atteindra vers 1970 ; après sa plus grande élongation orientale vers 2123, elle viendra retrouver le méridien vers 2280, ayant accompli une oscillation complète en 620 ans ou environ.

» L'aiguille magnétique tendant à se diriger vers le point le plus froid, et le pôle américain paraissant en effet le plus froid maintenant, cette singulière oscillation donnerait lieu de croire que cette propriété appartient tantôt au pôle américain, tantôt au pôle asiatique, dans une révolution de 620 ans. Un tel changement dans les climats du nord en doit apporter de notables jusqu'à nos latitudes. »

Il existe encore une variation semi-annuelle de la déclinaison coïncidant avec les équinoxes. Les tables qui la donnent se partagent en deux groupes : celui qui comprend les six mois pendant lesquels le soleil se meut dans les signes nord du zodiaque, et celui qui comprend les six mois pendant lesquels il se meut dans les signes sud.

On a aussi trouvé qu'il y a une faible augmentation dans la force directrice du globe au moment
où la terre s'approche du soleil, et que, par conséquent, l'inclinaison et l'intensité sont plus grandes en décembre qu'au mois de juin.

Enfin une variation diurne, dont il est facile
de reconnaître l'origine cosmique, coïncide avec
les différentes périodes du jour solaire.

La variation qui a pour période un jour lunaire
établit l'existence d'une influence magnétique
sensible exercée par la lune à la surface de la
terre.

Nous aurions en outre à signaler toute une
classe distincte de variations magnétiques qui doivent être également périodiques, également soumises à des variations cosmiques, et sur l'origine
desquelles on ne peut faire encore aucune suppo-
sition. Ces variations gardent le nom de séculaires,
qu'on leur a d'abord donné; mais elles n'ont,
par l'étendue même de leur période, qu'un rapport éloigné avec le sujet qui nous occupe : la
prédiction du temps par l'observation des signes
météorologiques.

L'exposé du major général Sabine, dont nous

venons de reproduire les principaux passages, et l'analyse sommaire des travaux du P. Secchi, auront fait entrevoir le progrès que la météorologie doit attendre d'une observation plus atten- tive des phénomènes de tout ordre relatifs au magnétisme terrestre. La connexion infiniment probable de ces phénomènes avec les variations du temps, peut conduire à de véritables prévisions qui, sans présenter un caractère de certitude abso- lue, arriveraient cependant à un degré de proba- bilité suffisant pour être rangées au nombre des prévisions scientifiques.

Dans la plupart des cas ces prévisions ne dépas- seraient pas la limite de quelques jours au plus, mais il n'est pas impossible que la périodicité générale des variations magnétiques mette sur la voie de relations importantes entre le retour des mêmes phénomènes cosmiques ou telluriques et le retour simultané des mêmes périodes météorologi- ques à la surface du globe.

Ainsi, M. Renou, dans son excellent Mémoire intitulé[*] : *Périodicité des grands hivers*, a énoncé

[*] *Annuaire de la Société météorologique de France.* Tom. IX, mai 1861.

les propositions suivantes, basées sur la plus rigoureuse étude des éléments et des observations météorologiques :

« Il est bien certain que les grands hivers et les grands étés ne sont que le résultat de mouvements considérables dans l'atmosphère, mouvements plus grands et plus lents que ceux qui ont lieu ordinairement, mais qui produisent des effets différents dans les différentes parties de la terre. On ne doit point s'étonner, d'après cela, que ces mouvements, plus grands que d'habitude, soient indiqués par un mouvement semblable de l'aiguille magnétique.

» Le moment de plus grande perturbation sera évidemment le moment où la période des grands hivers quitte un hémisphère pour passer dans l'autre. Cette violente perturbation a été annoncée très-nettement en 1859 et 1860 par l'apparition d'aurores polaires intenses, et par des coups de vent d'une violence excessive qui se sont fait sentir depuis la fin d'octobre jusqu'à la fin de février, en prenant souvent la proportion des ouragans.

» Les hivers rigoureux sont soumis à un retour périodique tous les quarante et un ans environ ; ils

forment des groupes généralement composés d'un
hiver *central* et de quatre ou cinq hivers *laté-*
raux espacés sur vingt ou vingt-deux années ; ces
années présentent aussi, mêlés avec eux, des hivers
extraordinairement chauds, de manière que la
moyenne de la saison froide n'en est pas sensible-
ment altérée. Pendant un intervalle à peu près
égal, on n'éprouve aucun hiver notable, mais aussi
aucun hiver très-chaud.

» De temps en temps la période éprouve une
perturbation qui dissémine les hivers sur un plus
grand nombre d'années, et tend à se confondre
avec la précédente ou la suivante. Il ne paraît pas
que la période manque jamais, ni qu'elle soit troublée deux fois de suite, ni qu'il s'écoule plus de
trois périodes sans perturbation.

». La période de quarante-un ans paraît être
celle qui ramène le maximum des taches du soleil
à une même saison de l'année ; l'hiver central
arriverait dix-huit mois après qu'un maximum de
taches a coïncidé avec la saison la plus chaude
de l'année.

» Les hivers rigoureux semblent parcourir alternativement, en vingt ou vingt et un ans, la moitié de

chaque hémisphère la plus rapprochée des pôles.

» Le retour des grands étés est plus irrégulier que celui des grands hivers ; les plus constants sont ceux qui arrivent quatre ou cinq ans après l'hiver central, ensuite ceux, plus nombreux, qui arrivent immédiatement après la fin de la période froide.

» La température moyenne de mai offre une période de quarante et un ans, dont le maximum arrive quelques années après l'hiver central.

» Les hivers de 1860 et 1861 sont les premiers d'une série dont le milieu tombera vers 1871. On doit attendre jusque-là un ou deux hivers de rigueur croissante ; après 1871, on en éprouvera quelques-uns qui iront en diminuant de longueur ou d'intensité, jusque vers 1880 ou 1881, et même plus loin encore, si la période dans laquelle nous entrons doit être troublée à la fin, ce qui est assez probable.

» On aura bientôt l'occasion de vérifier si la périodicité que j'ai annoncée pour les grands hivers existe réellement, l'hiver le plus rigoureux devant arriver vers 1861, et ne pouvant, selon mon opinion, éprouver un retard de plus de deux

ans, comme cela a eu lieu en 1709. Tout retard,
je le pense aussi, serait racheté par une intensité
exceptionnelle de l'hiver. »

La période de quarante et un ans qui ramène le
le maximum des taches solaires à la même époque
de l'année, ramènerait donc aussi dans une même
contrée du globe les hivers rigoureux, et jusqu'à
un certain point les divers phénomènes météorologiques, entre autres le maximum des étoiles filantes
du 12 novembre, qui s'est beaucoup amoindri, et
qui paraît maintenant augmenter de nouveau. Dans
une récente communication à l'Académie des sciences (17 août 1863) M. Coulvier-Gravier a aussi
annoncé l'augmentation du maximum du 10 août.
Cette marche ascendante du phénomène devant
probablement continuer nous pouvons espérer revoir bientôt les magnifiques apparitions de la période précédente.

M. Renou dit encore : « Un jour viendra sans
doute où les moindres oscillations de l'aiguille
aimantée pourront être interprétées, et où l'on y
reconnaîtra le déplacement des deux grands courants qui se partagent l'atmosphère des régions
tempérées.

15.

» Les observations du P. Secchi, à Rome, con-
firment la dépendance que nous croyons voir entre
ces mouvements de l'aiguille aimantée et les courants nord-est et sud-ouest de l'atmosphère. »
C'est aux variations de ces courants, qui empiètent
alternativement l'un sur l'autre, qu'on doit principalement attribuer les changements de nos climats, dont le caractère, tantôt continental, tantôt
marin, dépend de la direction moyenne des vents
généraux.

Nous résumerons encore deux intéressantes notes du *Weather-Book*, relatives aux prévisions du
temps et à la connexion qui paraît exister entre l'é-
lectricité atmosphérique et la direction du vent.

Le P. Cotte, dans son *Traité de Météorologie*,
rapporte qu'au château de Duino, situé dans le
Frioul, sur la côte de l'Adriatique, on voit au
sommet de l'un des bastions une pique plantée ver-
ticalement, la pointe en haut, qui, depuis un temps
immémorial, sert à avertir de l'approche des tempêtes.

Pendant l'été, quand le temps se charge, le soldat qui monte la garde sur le bastion approche du fer de la pique la pointe d'une hallebarde, et quand il voit jaillir des étincelles ou seulement une petite gerbe lumineuse, il sonne la cloche pour prévenir les paysans et les pêcheurs qu'ils sont menacés d'une bourrasque. Cette coutume est mentionnée dans une lettre d'Impérati, datée de 1602.

L'amiral Fitz Roy, après cette citation, fait observer que la plus redoutable tempête de l'Adriatique, le Bora, est un vent polaire très-violent et très-froid, très-sec, très-électrique, qui se précipite de la haute chaîne des Alpes. La lueur ou les étincelles qui jaillissent des pointes métalliques à l'approche de ce vent, indiqueraient, comme le feu Saint-Elme, un échange d'électricité entre l'atmosphère et le sol.

Plusieurs faits semblent prouver, dit aussi l'amiral, que de semblables avertissements étaient donnés au sommet des anciennes tours qu'on retrouve encore en diverses contrées, depuis l'Irlande et l'Ecosse jusqu'à l'extrême Orient, et qui, suivant de récentes recherches, étaient à la fois des forteresses où l'on gardait le feu sacré, des phares, des guides, et parfois même des gnomons indiquant les divisions du temps.

Certains instruments présentent à l'observateur des changements qui ne paraissent causés ni par la pression, ni par la température seule, ni par la sécheresse, ni par l'humidité. Ces altérations ne sont accompagnées d'aucun mouvement dans la hauteur barométrique, et sont probablement dues aux variations de l'électricité atmosphérique.

Il y a plus d'un siècle on fabriquait en Angleterre des *Verres de tempête (Storm-Glasses *)* dont l'inventeur est inconnu. Depuis plusieurs années l'amiral Fitz Roy possédait quelques-uns de ces instruments comme simple objet de curiosité, lorsqu'une observation plus attentive lui démontra que le mélange chimique contenu dans le verre variait d'aspect suivant la direction du vent, — non suivant sa force; — et aussi, mais d'une manière moins remarquable, selon la tension électrique. Pour que ces variations apparaissent avec netteté, il est nécessaire que le tube qui contient

---

* Le baromètre et le thermomètre sont désignés en anglais sous le nom de *verres du temps* (weather-glasses).

le mélange soit fixé à demeure dans un lieu éclairé, bien ventilé, ou préférablement à l'air libre, mais à l'abri de la radiation du feu et du soleil.

Si les vents suivent la direction du courant polaire, ou si seulement ils s'en approchent, le mélange observé avec soin, et même à l'aide d'un microscope, montre des cristallisations analogues à celles du givre et semblables à des feuilles d'if, de sapin ou de fougère.

Si le vent vient du côté opposé, ces cristallisations s'effacent et finissent par disparaitre. Elles sont surtout remarquables quand les vents du nord persistent; mais pendant une suite de vents du sud, le mélange, au lieu de s'étendre et de se cristalliser, descend vers le fond du tube, où il prend l'apparence du sucre en dissolution.

Une série d'observations faites avec le plus grand soin a permis de déterminer la nature de ces changements d'aspect, en rapport avec la direction des principaux vents.

On a aussi mesuré la tension électrique dans l'air pendant les observations, et on a pu constater l'influence exercée sur le mélange par les variations de cette tension, qui paraît augmenter ou dimi-

nuer suivant que les vents dépendent du nord ou
du sud.

La température affecte le mélange, mais non
la température seule, ainsi que l'ont prouvé de
nombreuses observations faites pendant l'hiver et
pendant l'été.

Ce mélange est composé de camphre, de nitrate
de potasse et de sel ammoniac, en partie dissous
par l'alcool, avec de l'eau et un peu d'air, dans
un tube hermétiquement fermé, qu'on retourne
et qu'on secoue doucement deux ou trois fois pendant l'année pour renouveler le mélange. L'amiral Fitz Roy donne à ces indicateurs le nom de
Verres à camphre (Camphor-Glasses) *. Il les regarde
comme très·utiles pour aider à la prévision du
temps.

De même que l'Amérique et l'Angleterre se sont
principalement attachées à la météorologie de la
mer, l'Allemagne a porté ses plus actives études

---

* L'amiral recommande ceux que préparent à Londres MM. Ne-
gretti et Zambra, opticiens de la marine royale.

vers la météorologie terrestre. C'est à elle qu'appartiennent la plupart de ces courageux voyageurs
qui explorent tous les continents, et y recueillent
les observations scientifiques qu'elle amasse dans
les vastes bibliothèques de ses académies.

Le commandant Maury a basé ses belles découvertes sur la collection des journaux de bord de
la marine américaine. M. le docteur Mühry a
opéré d'une manière analogue sur les relations
de voyages de la bibliothèque de Gœttingue,
qu'il y a trouvées réunies au nombre de plus de
sept cents.

Aussi est-il arrivé à une très-remarquable con—
ception de l'ensemble des phénomènes météorologiques, et à une concordance de tous les faits qui
constituent la meilleure preuve de sa justesse. Il a
publié, en 1858, un *Traité de Climatologie*, qui, par
une transition naturelle, l'a conduit à la *Météorologie géographique générale* qu'il vient de faire paraître. Les sciences suivent d'ailleurs cette marche
dans leur génération successive, et la météorologie
générale doit sortir de la détermination des climats locaux, comme la géologie est née de la minéralogie et la botanique des flores particulières.

Humboldt, dans *Cosmos*, définit ainsi l'expression de climat : « Elle sert, dit-il à désigner l'ensemble des variations atmosphériques qui affectent nos organes d'une manière sensible, la température, l'humidité, le changement de la pression barométrique, le calme de l'atmosphère, les vents et la tension plus ou moins forte de l'électricité atmosphérique, la pureté de l'air, enfin le degré ordinaire de transparence ou de sérénité du ciel. Cette dernière donnée n'influe pas seulement sur les effets du rayonnement calorifique du ciel, sur le développement organique des végétaux et la maturation des fruits, mais encore sur l'état moral de l'homme et l'harmonie de ses facultés. »

D'après M. Mühry la prévision du temps est attachée à la découverte de la loi suivant laquelle les deux courants aériens principaux des zones extra-tropicales se succèdent l'un à l'autre, et cette découverte est sans contredit subordonnée à la connaissance complète, pendant un grand nombre d'années, de la distribution géographique de leurs orbites. Il faut se demander quel est le nombre de ces orbites, et si ce nombre reste constant, quelle est leur largeur et leur hauteur ? de quoi dépend la substitution de l'une à l'autre? combien de fois cette substitution a lieu? etc. M. Mühry recommande vivement ces recherches aux météorologistes, en insistant sur l'importance du résultat auquel il espère atteindre.

Le directeur de l'observatoire d'Alger, M. C. Bulard, a publié en 1861 une brochure intitulée : *Système d'observations météorologiques continues, annonçant les époques de changement de temps*. Il croit aussi que le temps dépend surtout des vents, et que l'étude des lois de la circulation aérienne, soit à la surface de la terre, soit dans les diverses régions de l'atmosphère, permettrait bientôt de calculer, au moins d'une manière générale, les changements de temps et la durée moyenne des périodes qui les suivent.

M. Mathieu (de la Drôme) affirme que « les météores aqueux sont le résultat de phénomènes solaires et de phénomènes lunaires combinés. » La prédiction des pluies implique, suivant lui, la prédiction des vents et des variations anormales de la température [*]. La récente prédiction du

---

[*] Voy. au *Moniteur* (numéro du 5 avril 1863 et suivants), le rapport de M. Le Verrier adressé à M. le ministre d'État, sur cette théorie, et la réponse de M. Mathieu (de la Drôme).

temps, concernant les violents orages qui ont éclaté
dans le midi vers la fin d'octobre et le commencement de novembre 1862, les grandes pluies qui les
ont accompagnés et les inondations qui les ont
suivis, s'est réalisée avec assez de précision pour
attirer vivement l'attention vers toutes les prédictions analogues.

Le travail de M. Mathieu (de la Drôme) repose
sur une étude du journal météorologique de
Genève, commencé le 1er janvier 1796, par M. de
Saussure, et continué sans interruption jusqu'à ce
jour. Une semblable étude de registres météorologiques tenus par les divers observatoires et les
Sociétés savantes de l'Europe, « ferait connaître la
marche des pluies, des orages, des tempêtes ; elle
révèlerait le point de départ, le point d'arrivée et
le trajet intermédiaire de chaque ordre de phénomènes, résultant de la combinaison de certaines
lois astronomiques. Cet examen comparatif permettrait de dresser des cartes atmosphériques
aussi exactes que les cartes géographiques. Alors
la prévision du temps serait une science d'une
précision géométrique. »

Sans partager une telle espérance, nous croyons

que ces prévisions, basées sur la science , et non
plus sur des croyances superstitieuses, sur des
rêveries astrologiques, acquerront, grâce au concours universel des observateurs, unis dans une
même association, et au progrès des théories, une
certitude suffisante pour rendre bientôt les plus
grands services : « Chaque jour d'orage prévu, dit
très-justement M. Mathieu (de la Drôme) équivaut à des sinistres évités, à des travaux écono-
misés, à des navires préservés du naufrage, au
pain de milliers d'hommes soustrait aux intempéries. »

Nous avons encore à mentionner les recherches
de M. Coulvier-Gravier sur la marche des étoiles
filantes, et sur les rapports de ces météores avec
les variations atmosphériques [*]. Les anciens
croyaient que leurs apparitions les plus remarquables étaient suivies de tempêtes , et M. de
Humboldt trouva la même croyance en Amérique,
au commencement de ce siècle. Suivant M. Coulvier-Gravier, c'est dans les plus hautes régions de

---

[*] *Recherches sur les météores et sur les lois qui les régissent,* par
M. Coulvier-Gravier, et *Précis* du même ouvrage. — Paris,
Mallet-Bachelier.

l'air qu'il faut aller chercher les prévisions météorologiques. Le nombre des étoiles filantes, et principalement les diverses particularités qu'offre le
parcours de leurs trajectoires , présentent les
signes précurseurs de toutes les variations de
l'atmosphère. La rapidité plus ou moins grande
de leur mouvement de translation, leur forme,
leur couleur , leur éclat , la durée de leur
course, indiquent les périodes de mauvais temps
qu'on va subir. Ainsi, la note remise par M. Coul·
vier-Gravier à l'Académie des sciences, dans sa
séance du 27 octobre 1862 donne d'intéressants
détails sur les météores qui ont précédé la tempête
du milieu de ce mois, soixante-huit heures avant
qu'elle eût touché terre.

M. Coulvier-Gravier, comme tous les météorologistes, demande la création de nouveaux observatoires, afin de pouvoir baser ces théories sur un
plus grand nombre de faits rigoureusement observés et de résultats pratiques incontestables. Si les
signes précurseurs des orages et des tempêtes,
observés dans le ciel, des étoiles filantes, précèdent
constamment, d'un jour au moins, les signes des
instruments indicateurs, et notamment du baro-

mètre, il y aurait certainement le plus grand avantage à suivre la voie ouverte par M. Coulvier-
Gravier, et à augmenter ainsi la durée de la période
durant laquelle on peut se mettre en garde contre
les perturbations prochaines.

Dans le premier volume du répertoire de météorologie récemment publié à Saint-Pétersbourg,
sous la direction de M. Kaemtz, des instructions
détaillées, embrassant toute la science météorologique, et dont nous reproduisons ci-dessous les
titres, sont données aux observateurs :

1º Les thermomètres, comprenant la température de l'air, des sources, etc. ;

2º Le baromètre ;

3º Les hygromètres ;

4º Les vents ;

5º Les nuages ;

6º Les phénomènes aqueux ;

7º L'électricité atmosphérique ;

8º Les observations magnétiques ;

9º Les phénomènes optiques ;

10º Les observations diverses sur l'ozone, les
étoiles filantes, les tremblements de terre, la hauteur des rivières, etc. ;

11° La tenue des registres météorologiques.

Ces instructions ne s'adressent évidemment qu'aux observatoires pourvus des instruments nécessaires, et leur ensemble indique assez la nécessité d'unir ces observations par de communes recherches, qui seules pourront conduire à d'importants résultats.

La science des phénomènes atmosphériques a fait aussi de rapides progrès par suite des importants travaux résumés chaque année dans l'*Annuaire météorologique,* publié pour la première fois, en 1848, par trois hommes dévoués à la science, MM. J. Hæghens, Ch. Martins et Ad. Bérigny. Un grand nombre de collaborateurs s'étant groupés autour des fondateurs de cet Annuaire, dont le premier volume contenait une très-remarquable introduction de M. Martins, la *Société météorologique de France* fut fondée en 1852, sous les auspices de M. Ch. Sainte-Claire Deville. Elle compte aujourd'hui dans son sein la presque totalité des savants qui, en France, se sont occupés de la météorologie et de la physique du globe.

Enfin, nous ne devons pas oublier les observateurs

d'élite grâce auxquels le savant directeur du *Journal d'agriculture pratique*, M. Barral, publie ses excellents bulletins de météorologie agricole.

Devant tant d'éléments de progrès, on ne peut douter de l'avenir réservé à la météorologie, du rang qu'elle est appelée à prendre parmi les sciences par l'unité des méthodes, par la centralisation des observations, par l'adoption d'un système universel « dont la réalisation, dit très-bien Maury, intéresse également le progrès de la science et le bien-être de la grande famille humaine. »

A la fin de son instruction sur l'usage du baromètre, l'amiral Fitz Roy, nous l'avons déjà dit, conseille de combiner les indications des instruments avec les signes donnés par l'état du ciel. Un observateur isolé deviendra *weather-wise*, suivant l'expression anglaise, c'est-à-dire qu'il acquerra une connaissance déjà très-sûre des variations du temps, en notant avec soin les mouvements des instruments, mais il trouvera aussi un excellent guide dans les pronostics du temps.

Ces pronostics, tirés de l'apparence des nuages, de leur forme, de leur couleur, de leur phosphorescence, de leur direction dans les couches supérieures de l'air, des lieux où ils se forment, etc., ne sont pas les seuls qu'on doive consulter. Si l'atmosphère, soumise aux influences météorologiques, manifeste par des aspects divers les perturbations qu'annoncent en même temps les variations des instruments, tous les êtres organisés présentent aussi des indications qui précèdent les changements de temps. Dès aujourd'hui ces indications, prises dans le règne animal ou dans le règne végétal, sont recueillies par les observateurs, qui, de plus en plus, y trouveront les les preuves de l'universelle unité sous l'infinie variété des formes.

En Amérique, l'Institut Smithsonien a joint récemment les instructions suivantes à celles qu'il a rédigées pour les observatoires météorologiques : Noter le moment où apparaissent les premières fleurs; — déterminer l'époque de la fructification; — étudier la chute des feuilles; — observer les allures de certains animaux inférieurs, reptiles, poissons et insectes.

Les recherches sur la météorologie et le magné-

tisme terrestre faites à l'Observatoire de Bruxelles
sous la direction de M. Quetelet, comprennent, au
nombre des phénomènes périodiques naturels, les
époques de la feuillaison, de la floraison et de la
fructification d'une grande quantité de plantes; —
la chute des feuilles; — l'époque des passages ré-
guliers ou accidentels, du départ, de l'arrivée, du
chant, de l'accouplement et de la nidification
des espèces les plus communes d'oiseaux et d'insectes; — leur apparition en grandes bandes; —
le réveil des espèces hivernantes, etc.

On a cru longtemps que les pétrels pressentent
les tempêtes; mais leur présence autour des navires, pendant le mauvais temps, doit être surtout
attribuée à la pâture plus abondante qu'ils trouvent sur les mers tourmentées et dans le sillage des
bâtiments, qu'un vol puissant et rapide leur permet de suivre au large pendant plusieurs jours.

« Contrairement aux autres oiseaux qui fuient
la tempête, les pétrels semblent donc la chercher.
Vents, orages, mouvements des flots, ils bravent
tout; rien ne peut les arrêter ni les fatiguer; ils
ont même la faculté de se soutenir sur les ondes
soulevées, d'y marcher et d'y courir en frappant

de leurs pieds avec une extrême vitesse la surface
de l'eau. Ce dernier fait a été observé par trop de
navigateurs pour qu'on puisse le mettre en doute,
malgré son étrangeté. Les matelots nomment le
pétrel-tempête *satanicle* *. »

Dans ses curieuses recherches relatives à l'influence de l'électricité atmosphérique et des météores sur les végétaux, Bertholon parle des
mouvements particuliers de quelques plantes,
lesquels ayant un grand rapport avec la lumière
du soleil, lui paraissent avoir pour cause principale le fluide électrique, « qui n'est que la
lumière elle-même modifiée. » Il rappelle aussi les
plantes qu'on voit briller dans l'obscurité, et cite
la charmante observation de la fille de Linné, Éli-
sabeth Christine, qui, un soir d'été, remarqua les
éclairs lancés par les fleurs d'une plante de son
jardin, la capucine brune. Ces lueurs étaient plus
vives et plus brillantes lorsque le temps était à
l'orage. Un illustre botaniste suédois, M. Th. Fries,
a récemment·constaté le même phénomène à Up-
sal, sur les fleurs du pavot oriental.

* *Gerbe*, Dict. d'hist. nat. de C. d'Orbigny.

L'intéressante étude de M. de Gasparin sur la météorologie agricole *, contient plusieurs chapitres relatifs à la *météorognosie*, « qui cherche à déduire les phénomènes futurs de l'observation des phénomènes présents. »

M. de Gasparin revient d'abord à la météorognosie conjecturale des anciens, qui nous a été transmise par Virgile et Pline, et que nous n'avons guère dépassée, les signes précurseurs des météores étant toujours les mêmes. Il donne ensuite les pronostics météorologiques fournis par les animaux, qui sont à peu près les mêmes que ceux indiqués par Virgile ** :

« Afin que nous puissions distinguer par des signes certains les temps chauds, les jours pluvieux et les vents précurseurs du froid, Jupiter a réglé lui-même ce que nous annoncerait le cours de la lune, quel signe présagerait la fin des vents orageux, et quels pronostics, souvent observés, aver-

* *Cours d'agriculture,* par le comte de Gasparin. Tom. II.
** *Les Géorgiques,* traduction de J. Amar. Liv. I. Dans le même livre, les pronostics tirés de l'observation des astres et des nuages.

tiraient l'homme des champs de ne point écarter

ses troupeaux de l'étable.

» Les vents commencent à peine à s'élever que
déjà les flots de la mer s'enflent et s'agitent ; un
bruit impétueux roule du haut des monts, les
rivages gémissent et les bois font entendre un sourd
murmure. Quels périls menacent les vaisseaux
quand le plongeon abandonne le sein des mers et
vole à grands cris vers la terre, quand la sarcelle
court sur les sables arides, quand le héron, quittant ses marais, s'élance au-dessus des nuages !

» Souvent encore, à l'approche de la tempête,
des étoiles se détachent de la voûte du ciel et
sillonnent la nuit d'une longue trace de lumière.
On voit voltiger la paille légère, les feuilles détachées des arbres, et la plume tournoyer à la surface de l'onde. Si l'éclair brille au nord, si la foudre
ébranle les demeures de l'Eurus et du Zéphyre,
des torrents de pluie inondent les campagnes, et
le prudent nocher se hâte de plier ses voiles.

» Jamais l'orage ne surprit le villageois sans
l'avoir averti de son approche : la grue effrayée
quitte les vallées, la génisse hume l'air par ses
larges naseaux, l'hirondelle parcourt la mobile

surface des étangs, et la grenouille coasse au fond des roseaux. Souvent, le long d'un étroit sentier, la prudente fourmi transporte ailleurs ses œufs : l'arc céleste boit les eaux de la mer, et de noires légions de corbeaux fendent l'air qui frémit du battement de leurs ailes. Les oiseaux de mer et ceux que les prairies nourrissent sur les rives fleuries du Caystre, plongent dans les ondes, offrent leur tête aux flots, tourmentés d'un besoin de fraîcheur.....

» Non que le ciel ait doué ces animaux d'une intelligence prophétique ; l'instinct seul les éclaire : mais quand les mobiles vapeurs dont l'air est chargé varient dans leur cours, quand l'haleine humide des vents inconstants les condense ou les raréfie tour-à-tour, ces révolutions subites agissent également sur tous les êtres animés, qui en reçoivent diverses impressions. De là, les concerts des oiseaux dans nos champs, la joie qui semble animer les troupeaux bondissants, et le cri moins sauvage du corbeau, au retour des jours sereins. »

Ces rapports entre la nature animée et les météores se retrouvent dans plusieurs plantes : le trèfle, la pimprenelle, le laitron de Sibérie, le

16.

souci, etc., dont les tiges se redressent, dont les
fleurs s'ouvrent et se ferment quand l'air se charge
d'humidité.

M. de Gasparin examine longuement les pronostics tirés de l'état du ciel, du mouvement de la
lune, et des instruments météorologiques que nous
avons déjà indiqués.

L'influence de notre satellite est très-contestée ;
mais l'amiral Fitz Roy admet que les vents équatoriaux sont soumis à des fluctuations périodiques
provenant d'une marée atmosphérique lunaire. Il
s'appuie sur les observations de MM. Espy et
Webster. MM. Schübler et Eisenlohr ont aussi dé-
duit d'un grand nombre d'observations, faites dans
l'Allemagne méridionale, que la pluie y a un
maximum correspondant au deuxième octant, et
un minimum correspondant au quatrième octant
de la lune.

Après avoir fait connaître les observations qui
peuvent conduire à la détermination des phénomènes prochains, M. de Gasparin résume les diverses
prévisions du caractère des saisons et des années
futures, qui jusqu'à présent se sont rarement vé-
rifiées, par suite sans doute de l'insuffisance des

℀ recherches sur lesquelles se basent les théories pré-
℀ sentées. Aussi répéterons-nous encore avec lui
ℷ qu'on ne saurait trop multiplier les observations
℀ qui « préparent l'époque où la météorologie
℀ acquerra la certitude qui lui manque, et où les
℀ conjectures de la météorognosie deviendront des
℀ probabilités. » (18).

Sans doute, nous ne connaîtrons jamais exactement les lois qui règlent le cours des saisons et
les variations du temps. Des causes trop nombreuses et trop complexes président à ces changements, dus aux influences si variables de la chaleur et du refroidissement. Mais l'étude scientifique
de ces causes détruira les préjugés qui étaient jadis
si répandus et propagés surtout par les alma-
nachs, dont les prédictions faites au hasard auront
bientôt perdu toute valeur devant les prédictions
de l'expérience. Le petit nombre de lois déjà
connues, les faits constatés, les indices recueillis
par l'observation, peuvent rendre de grands services aux cultivateurs, aux marins, et ouvrir à la
science de nouvelles voies.

Cet ordre de recherches attire aussi notre attention sur les causes d'intempéries qui sont soumises

à l'influence de l'industrie humaine. Le reboise-
ment, la mise en culture des vastes étendues de
terrains stériles qui couvrent encore une partie de
l'Europe, remédieraient probablement aux excès
de température de nos hivers et de nos étés.
Certains faits curieux (19) paraissent même indiquer une action possible de l'industrie sur la
formation des météores, et de grands esprits, entraînés sans doute par le prodigieux progrès des
sciences et par une foi généreuse aux bienfaisantes
puissances de l'humanité, n'ont pas craint d'admettre sa future intervention dans les rapports des
trois éléments fondamentaux du climat : la température, le vent et l'humidité, avec le monde
organique.

Les Chaldéens, dans leurs *Saros*, faisaient correspondre le retour des mêmes saisons à certaines
périodes dépendant du cours des astres. Nous
venons de réunir les faits nombreux qui semblent
confirmer cette croyance. Les différentes positions
du soleil dans l'écliptique, son mouvement
diurne, les variations de sa photosphère, exercent
une incontestable influence sur les perturbations

du magnétisme terrestre, et très-probablement,
par suite, sur la formation des météores. Ainsi les
aurores polaires qui, suivant les faits que nous
avons cités, annonceraient les tempêtes, auraient
pour cause principale une influence magnétique
exercée par le soleil.

Un physicien de grand mérite, M. Moïse Lion
(*Note* B) présentait à l'Académie des sciences,
en 1847, un mémoire sur le magnétisme terrestre *,
dont nous reproduisons les conclusions. S'appuyant
sur la périodicité annuelle des aurores boréales,
dont le nombre est surtout considérable aux environs des deux équinoxes, M. Lion tendait à dé-
montrer que ce nombre dépend de la position des
deux hémisphères magnétiques de la terre à l'égard
du soleil; — que le soleil exerce ainsi une puissante action sur le magnétisme de la terre; que
le soleil est lui-même magnétique, et que chacun
de ses pôles magnétiques est l'inverse du pôle terrestre correspondant.

La météorologie , ainsi considérée dans ses
rapports avec les phénomènes cosmiques, et dans

* Voy. l'*Ami des Sciences.* Tome I, p. 371.

ses applications à la prévision du temps, est certainement une des sciences qui doivent le plus vivement nous attirer par la grandeur, la variété et l'universalité de ses aperçus, par la fécondité des résultats amenés par chaque découverte. « L'homme, dit Maury, est naturellement météorologiste. » Les peuples nomades et pasteurs, les bergers, les agriculteurs, les marins, plus exposés aux intempéries, durent surtout s'appliquer à découvrir dans les variations de l'atmosphère, dans le mouvement des astres, dans les phénomènes divers de la nature, les signes avant-coureurs des changements du temps. Des idées superstitieuses se joignirent aux notions ainsi acquises, et mêlèrent aux données de l'observation des rêveries qui prirent leur source dans cet amour du merveilleux que nous ne pouvons condamner sans réserve, puisque nous le retrouvons à l'origine de toutes les religions et de toutes les sciences. C'est par lui que l'homme aspire d'abord à la vérité, à la découverte des liens qui l'unissent aux invisibles puissances de la nature. A travers ses erreurs, il pénètre presque toujours, par une étonnante intuition, le sens caché des choses, et notre

illustre historien, M. Michelet, parlant du principe
des augures, a pu dire avec raison : « Rien de
plus sage que cette prétendue folie de l'antiquité. »

Les Dieux, en effet, nous parlent par la nature.
Elle est la manifestation merveilleuse de la Raison
suprême qui préside à l'éternelle création, et c'est
en l'interrogeant que nous apprenons à connaître
le langage divin, les lois qui unissent tous les êtres
dans une même solidarité, parce qu'elles sont
l'expression d'une même justice souveraine. Les
visions, les pressentiments, les prophéties du passé
s'effacent aujourd'hui devant les prodiges et les
révélations de la science. En nous découvrant
l'unité de composition du monde organique, en
nous montrant que la même force agit dans l'éclatante lumière du soleil, dans les splendeurs de
l'aurore boréale, dans l'éclair des météores et dans
les pâles lueurs de la phosphorescence, elle nous
initie aux mystères de la vie universelle, de l'universelle communion. Aux effluves électriques qui
émanent de l'astre central répondent à la fois la
magnifique illumination des pôles, les éblouis-
santes clartés de l'orage, les fugitifs rayons des

fleurs, et, peut-être (20), les tressaillements de
l'âme humaine ?

Notre grandeur nous apparaît ainsi dans la
grandeur de l'univers. Si, d'un côté, la science
nous donne une mesure exacte des étroites dimen-
sions de notre globe, de l'autre, elle étend dans
l'immensité la sphère au sein de laquelle il gravite,
entouré des astres lointains qui lui versent la
lumière, la chaleur et la vie.

Et pendant que nous reconnaissons ces liens
magnifiques des mondes dont le télescope nous
découvre l'infinie diversité, nous étendons aussi
autour de nous le réseau électrique qui bientôt
unira toutes les nations du globe par une même
circulation de la parole, par un même rayonnement de la pensée.

Cette corrélation du progrès scientifique et du
progrès moral est un des grands caractères de
notre glorieuse époque. Elle nous affirme une
des plus hautes vérités qui puissent encourager
l'homme dans ses travaux et lui donner confiance
en l'avenir, — c'est que tout pas fait vers la
lumière est en même temps un pas fait vers la
concorde.

XV

SUPERSTITIONS ET LÉGENDES

« La nature est la plus grande des merveilles ;
elle ne suffit pourtant pas à la jeune imagination
des peuples primitifs, et quand l'homme se civi-
lise, ce qu'il écrit d'abord dans ses livres et sur
ses monuments, ce sont autant des mythes et des
légendes que des faits.

» Mais ces faits sont souvent bien observés ; ces
mythes, ces légendes ne sont parfois qu'un voile
transparent jeté sur d'importantes vérités [*]. »

Ainsi nous avons déjà dit que les conjectures
des anciens sur la divination, sur les signes divers
qui manifestent à l'avance certains changements

[*] Is. Geoffroy Saint-Hilaire, Introduction à l'*Histoire naturelle
générale des règnes organiques.*

17

prochains, ne devaient pas être repoussés sans
examen. Lors même que l'erreur est évidente, on
doit tenir grand compte des observations, par
lesquelles, insensiblement, nous devions arriver à
l'interprétation scientifique. Il suffira d'indiquer
quelques-unes de ces observations, les plus fréquentes d'ailleurs, pour en faire comprendre l'importance, à une époque où par nulle autre voie la
nature n'était interrogée. Les Chaldéens, les
Égyptiens, les Hébreux, les Étrusques, les Grecs et
les Romains avaient la divination par l'air, — par
les vents, — par les astres, — par les plantes, —
par les arbres, — par l'eau, — par les pierres, —
par la foudre, — par les météores, — par les
nuages. — par le vol des oiseaux, — par le feu, —
par l'observation des événements fortuits, — par
les vieillards,—par les femmes, — par les enfants,
— par les vierges.

D'incroyables superstitions, des erreurs innombrables, furent le résultat de ces interrogations
faites au hasard, et trop souvent par d'habiles im-
posteurs. Mais on remarqua cependant certains
rapports constamment semblables entre des phénomènes en apparence très-éloignés, et par ces

liens mystérieux on put dès lors pressentir l'identité des forces qui, dans l'universalité des êtres,
régissent les manifestations de la vie.

Ainsi, pour revenir au sujet qui nous occupe,
lorsqu'il fut constaté que l'organisme délicat et
nerveux des femmes ressentait plus vivement les
variations des éléments et les annonçait parfois,
lorsqu'on eut appris à consulter l'expérience des
vieillards, les naïves impressions de l'enfance, on
fut bientôt conduit à admettre que l'être sur lequel
la nature agissait ainsi, pouvait à son tour agir
sur elle. On croyait d'ailleurs que les dieux com-
mandaient aux éléments et les gouvernaient, non
suivant des lois, mais suivant le caprice de leurs passions. On dut attribuer à l'homme la même puissance, et croire que par des enchantements le cours
régulier des phénomènes pourrait être interrompu,
non pour les besoins de tous, mais pour la satisfaction, presque toujours coupable, de quelques-uns.

Ce fut sans doute à la lumière du jour ou sous le
ciel étoilé, dans la sérénité puissante d'une volonté
pure et généreuse, que les premières invocations
firent appel à la nature, et s'élevèrent, confiantes,
vers le principe du bien. Mais les adjurations que dic-

taient la haine, la vengeance, l'orgueil, la cupidité,
les désirs effrénés, évoquèrent le génie du mal sous
l'obscure clarté des nuits orageuses, image toujours frappante du ténébreux conflit des passions.

La plus célèbre et la plus redoutée des divinités
infernales, Hécate, s'était réfugiée, suivant la fable, auprès d'assassins qui portaient un homme
mort, pour échapper aux poursuites de Junon.
Fille de la nuit, elle eut son premier temple dans
la mer Noire, sur un des sombres caps de la Tauride, entouré d'écueils menaçants. On y sacrifiait
des victimes humaines, les étrangers que la tempête
jetait sur la côte. Envoyés par elle, les spectres des
personnes mortes de mort violente apparaissaient
avant que ces morts fussent connues, et présa-
geaient des événement sinistres. Des orgies étaient
célébrées en son honneur dans l'île d'Egine.

Nous nous bornerons à cet exemple des superti-
tions de l'antiquité, auxquelles nous pouvons rapporter les superstitions semblables du moyen âge,
et toutes celles que nous retrouvons chez les peuplades sauvages ou barbares, quelquefois même
encore chez les nations civilisées, malgré les progrès de la raison.

De même que les Grecs avaient choisi, pour y élever le temple d'Hécate, la côte inhospitalière de la Tauride, la région des ténèbres et des tempêtes, où régnaient les mauvais génies dans l'horreur de la nuit Cimmérienne, le moyen âge réunit les sorcières au milieu des bois épais, sur les cimes dépouillées, dans la solitude des landes stériles, pour y mener le sabbat, dernier vestige du culte d'Hécate. Satan, condamné à subir l'hommage des plus immondes passions, remplaçait la déesse terrible dont Iphigénie avait été la prêtresse. La tempête nocturne, soulevée par les maléfices, n'obéissait plus aux dieux puissants de l'orage; dans sa course désordonnée, elle emportait à travers les nuées le balai des sorcières.

On se rappelle la nuit de Walpürgis, sur les hauteur du Brocken :

MÉPHISTOPHÉLÈS.

« Ne ferais-tu point cas d'un manche à balai? Quant à moi, je souhaiterais d'avoir ici le bouc le plus vigoureux. Sur ce chemin, nous sommes encore loin du but....

» Tiens-toi ferme au pan de mon habit ! Voici

un sommet intermédiaire d'où l'on découvre les splendeurs de Mammon dans la montagne.... Un vrai bonheur pour toi d'avoir vu cela ! Je pressens déjà l'approche des hôtes turbulents.

FAUST.

» Comme l'ouragan se démène dans l'air ! comme il frappe ma nuque à coups redoublés !

MÉPHISTOPHÉLÈS.

» Accroche-toi aux flancs du roc, autrement il va te précipiter au fond de cet abîme. Un nuage obscurcit la nuit. Entends-tu craquer les arbres dans les bois ? Les hiboux volent épouvantés. Écoute le frémissement plaintif des rameaux qui se brisent, l'ébranlement sonore des troncs puissamment secoués. Tous , dans le pêle-mêle effroyable de leur chute, s'en vont tombant les uns sur les autres, et les vents, à travers les gouffres éboulés, tourbillonnent avec des hurlements aigus. Entends-tu des voix sur les hauteurs, de loin et de près ? Oui, tout le long de la montagne roule un furieux chant magique.

LES SORCIÈRES, *en chœur*.

» Au Brocken vont les sorcières.... »

Dans la seconde nuit de Walpürgis, qui a pour
théâtre les champs de Pharsale et les côtes de la
mer Égée, Gœthe a mis en présence le sabbat du
moyen âge et les étranges créations, les grandes
figures fantastiques de l'antiquité, les Griffons, les
Arimaspes, les Sphinx, les Phorkyades, les Si-
rènes....

Des cimes de la Thessalie descend, au milieu
des ténèbres, Erichto, qui préside « à la fête de
cette nuit d'épouvante. »

Quelques lignes indiqueront la pensée de
Gœthe :

LE SPHINX.

« As-tu quelque connaissance des étoiles ? Que
dis-tu de l'heure présente ?

MÉPHISTOPHÉLÈS.

» L'étoile vole après l'étoile, la lune échancrée
luit clair, et je me trouve bien à cette bonne place,
je me chauffe à ta peau de lion. Ce serait dom-

mage de s'égarer en voulant grimper trop haut. .
Laisse-là les énigmes, contente-toi de faire des
charades.

GRIFFON, *croassant*.

» Celui-là me déplaît. »

. . . .

En comparant la grandeur, souvent terrible,
de la légende antique, aux repoussantes sorcelle-
ries du sabbat, nous dirions volontiers comme le
griffon. Et cependant, par cette chute, un grand
pas était fait vers le règne futur de l'intelligence.
Apulée parle ainsi d'une magicienne de la Thes·
salie : « Elle peut abaisser les cieux, obscurcir les
astres, suspendre leur mouvement, pétrifier les
eaux, liquéfier les rochers, élever dans l'Olympe
les esprits infernaux et en précipiter les dieux. »
Tel n'était plus le pouvoir des sorcières. Les
noirs tourbillons de l'orage, les fureurs de la tourmente répondaient toujours aux fureurs des passions, mais plutôt par une indéfinissable sympathie
avec l'âme humaine, fortement émue, que par la
puissance des enchantements ou par la volonté des
dieux irrités. On imaginait surtout alors qu'une

secrète connaissance de la nature permettait d'agir
sur l'homme par des sorts, par des philtres, par
des opérations magiques en rapport avec la cause
inconnue des phénomènes. Si le mystère de tant
de faits inexpliqués laissait encore le champ libre
aux superstitions, on commençait pourtant à comprendre que les forces de la nature n'étaient pas
plus soumises aux passions de l'homme qu'elles ne
l'avaient été jadis aux passions des divinités, et
déjà de lumineux esprits, Albert le Grand, Roger
Bacon, Arnauld de Villeneuve, rêvaient de les
assujettir aux puissances de l'intelligence, comme
elles l'étaient déjà aux immuables lois de la Raison
suprême.

Mais pour arriver à cette domination, il fallait
d'abord croire aux vagues rapports du mal physique et du mal moral dans l'étroit domaine de l'individualité, afin de pouvoir mieux comprendre un
jour leur corrélation, évidente quand on considère
l'action collective des sociétés, et tous les désor-
dres qu'ont entraînés les vices de leur organisation.

Il est d'ailleurs certain que l'obscurité des nuits,
les bruits de la tempête, les éclats et les rapides

17.

clartés de l'orage, les pâles rayons de la lune, ont toujours favorisé le crime, les actions coupables, et que, dans le bouleversement des éléments ou dans le morne silence des sombres solitudes, l'homme dut trouver une image des funestes passions qui le poussaient au mal.

De là vint la croyance générale à une influence sinistre exercée par ceux dont on évitait la présence, parce qu'on les croyait, non sans raison, soumis, par leurs mauvaises actions, aux Esprits de ténèbres. Il importe peu en effet que l'Esprit du mal, répondant à l'appel qui lui est fait, apparaisse sur la lande déserte, ou qu'il se lève, devant la conscience muette, au milieu du vide affreux des âmes perverses et corrompues. Vainement, elles voudraient cacher le pacte qui les lie. L'esprit se trouble à leur approche, agité par d'inquiets pressentiments ; il devine les dangers qui le menacent, les redoutables forces du mal, et s'il ne croit pas pouvoir les dominer par les puissances supérieures du bien, il cherche à les fuir ou à les conjurer, quelquefois par les plus étranges moyens.

Mais tandis que ces tristes influences n'atteignent guère que ceux qui s'y exposent, la bienfaisante lumière des grands cœurs se répand au contraire sur tous, et fortifie notre tendance naturelle vers le groupe radieux des vertus divines dont les religions nous apprennent à vénérer le type idéal. Ces vertus, ces puissances, nous comprenons bientôt qu'elles sont supérieures à toute force, et nous donnons ainsi la domination au principe du bien, nous préparons son triomphe, son règne futur, par la foi commune qui unit les diverses croyances dans une même notion de la loi morale.

Un grand esprit, Creuzer, à qui nous devons tant de belles études sur les religions de l'antiquité*, a développé cette pensée dans ses profondes recherches sur l'éducation du genre humain par le sacerdoce, qui nous montrent « Dieu loi du monde moral comme du monde physique, sous toutes les formes, sous tous les voiles, à travers tous les égarements, dans la conscience de l'humanité **.

---

* *Symbolique et Mythologie des peuples anciens*, traduction de M. Guignault.

** *Notice sur Creuzer*, lue par M. Guignault à l'Académie des inscriptions et belles-lettres, le 1er août 1863.

Citons maintenant quelques faits qui se rapportent aux superstitions et aux croyances que nous
venons d'indiquer.

Les tremblements de terre, les éruptions volcaniques, les feux souterrains, beaucoup plus fréquent jadis, furent évidemment la cause du culte
rendu aux forces terribles qu'on regardait comme
le premier attribut de la puissance suprême, puissance redoutée alors par tous les peuples autant
que l'était le Siva des religions primitives de
l'Inde, divinité de la destruction. Les cratères des
volcans, les profondes cavernes, en communication
avec les régions infernales étaient hantés par des
spectres. On y descendait pour évoquer les ombres,
pour recevoir la sombre inspiration qui dictait des
oracles presque toujours funestes. Les mystères
de l'île de Samothrace, le culte nocturne des Ka-
bires, n'étaient que l'adoration des puissances souterraines des forces, telluriques ensevelies, depuis
la chute des Titans, sous les hautes montagnes volcaniques. Mais ces puissances kabiriques étaient
encore, ainsi que l'indique Ballanche dans ses pro-
fonds aperçus sur l'histoire de l'humanité[*], «les

_____

* *Essais de Palingénésie sociale. — Orphée.*

facultés, les forces industrielles primitives, tantôt
agents cosmogoniques, tantôt génies magiques,
selon qu'il s'agissait d'organiser la surface du
globe ou d'en pénétrer l'intérieur. »

Dans l'Etrurie, où le sol montueux, couvert
d'antiques forêts, attirait les orages, les premiers
dieux furent les dieux de la foudre, présidés par
un Dieu suprême qui réglait les destinées de l'univers. Les pontifes étrusques avaient dans leurs livres
sacrés un rituel fulgural qui, sous des formules
mystiques dont la seule lecture inspirait la terreur,
renfermait sans doute une science des orages, résultat des plus attentives observations sur la formation et les effets de la foudre, que les initiés aux
rites prétendaient pouvoir attirer, détourner et
diriger par de puissantes conjurations.

L'observation des météores et des phénomènes
célestes était la base de la religion des Étrusques,
initiés par les Pélasges au culte magique du feu
et des mystérieuses puissances de la nature.
« C'était, dit très-bien Creuzer, en parlant de l'Étrurie, un pays chaud, un climat accablant. Un air
épais, selon l'expression des anciens, pesait sur ses
habitants. Si le climat doux et riant de l'Ionie, si son

ciel léger vit croître une race mobile et poétique,
qui le peupla de créations non moins légères, non
moins riantes, il n'en fut pas de même de la Toscane antique : elle nourrit des hommes d'un caractère grave, d'un esprit méditatif. Cette disposition
morale fut puissamment secondée par les fréquentes aberrations du cours ordinaire de la nature dans
cette contrée ; les météores, les tremblements de
terre, les déchirements subits du sol, les bruits
souterrains, les naissances monstrueuses dans
l'espèce humaine aussi bien que dans les animaux,
tous les phénomènes les plus extraordinaires s'y
reproduisaient fréquemment. La plupart s'expliquent par la nature de l'atmosphère chargée de
vapeurs brûlantes, et par les nombreux volcans
dont on a découvert les traces. Il est plus difficile
de rendre compte des apparitions de monstres,
dont il est parlé dans les auteurs, par exemple
de cette *Volta*, qui ravagea la ville et le territoire de Volsinii jusqu'à ce que les prêtres
fussent parvenus à la tuer en évoquant la foudre.
Mais ce que l'on comprend, c'est l'influence
d'une telle nature et de tels phénomènes sur
le caractère du peuple étrusque. Les Pères de

l'Église nomment l'Étrurie *la mère des superstitions.*
Ce peuple jeta un regard sombre et triste sur le
monde qui l'environnait. Il n'y voyait que funestes
présages, qu'indices frappants de la colère céleste
et des plaies dont elle allait frapper la terre; de là
ces fréquentes et terribles expiations qu'il s'impo-
sait; de là, ces larves, ces monstres, ces furies, ces
esprits infernaux si souvent reproduits sur ses
monuments. Les livres de divination des Étrusques
pénétraient de crainte et d'horreur ceux qui les
lisaient. »

Il est pourtant remarquable que Platon, dans
son livre de *la République,* où il donne pour base
à l'ordre social l'étude des sciences qui nous dé-
voilent les lois de l'ordre universel, recommande
d'observer et de conserver les institutions religieuses des Étrusques.

« Les dieux semblaient ennemis, dit M. Michelet
dans sa belle étude sur l'Étrurie *; ils s'étudièrent à
connaître leur volonté. Ils mirent à profit les orages,
osèrent étudier l'éclair, observer la foudre, ouvrirent
le sein des victimes et lurent la vie dans la mort.

* *Histoire romaine.* — *République,* par J. Michelet.

» Sorti de la terre, le propriétaire souverain, le Lucumon (21), la bénit, la féconde à son tour ; il lui interprète la pensée du ciel, exprimée par les phénomènes de la foudre, par l'observation de la nature animale. Ainsi, le monde entier devient une langue dont chaque phénomène est un mot. »

Virgile, né près de Mantoue, l'une des colonies étrusques, fit revivre dans ses poëmes, inspirés par un profond et mystérieux amour de la nature, l'antique génie de ses grands ancêtres. Il joignait comme eux les pressentiments, les divinations d'un cœur religieux (22), aux méditations fécondes d'un esprit éclairé par l'étude et par l'observation. Il savait tout ce que les sciences de son temps pouvaient apprendre, et de là l'immortelle beauté de ses chants, dont la vive lumière nous pénètre encore. « Il n'a pas cessé, dans les âges les plus dévastés et les plus durs, d'apparaître comme une puissante et magique personnification de je ne sais quel charme regretté et non tout à fait perdu ; il n'a pas cessé d'être l'enchanteur Virgile *. »

Nous ne pouvons insister ici sur ces rapproche-

---

* *Étude sur Virgile,* par Sainte-Beuve.

ments. L'Étrurie, par les grands hommes de la
Toscane, de Florence, instruit encore, éclaire toujours le monde. Dante continue sa mission sacerdotale, et, guidé par Virgile, pénétre dans les
régions sacrées de l'idéal. — Machiavel nous apprend à lire l'avenir dans le ciel menaçant de la
tyrannie, chargé d'orages et de tempêtes. — Galilée interroge les astres, et, nous initiant aux mystères de la vie sidérale, nous ouvre le grand livre
augural de la nature, de l'universelle unité (23).

Nous retrouvons dans le Druidisme, dans les
croyances de la Gaule, des rapports remarquables
avec les religions de l'Étrurie. Ces rapports peuvent s'expliquer par l'origine gauloise des peuplades établies dans les hautes vallées de l'Om-
brone. En se mêlant aux populations indigènes,
elles leur communiquèrent les traditions de la
grande race qui avait été, suivant Aristote, l'insti-
tutrice de la Grèce, et qui, après avoir, par ses
Druides, enseigné Pythagore, donnait encore alors
des leçons à Numa, élevé par les Celtes Ombriens
dans les montagnes de la Sabine.

Les Gaulois, comme les Etrusques, croyaient
pouvoir commander à la foudre et aux tempêtes.
« Il leur suffisait, dit Jean Reynaud, pour ne point
trembler devant les prodiges de la matière, de sentir que le souverain ordonnateur de l'univers les
avait relégués au-dessous des puissances de
l'âme (24) ».

Les Druides, accompagnés du peuple, se ren-
daient chaque année, dans la nuit du 6 juin, sur
les bords d'un lac consacré, situé au pied des montagnes du Gévaudan. Après plusieurs jours de fêtes
et de prières, l'eau du lac bouillonnait, une tempête mêlée de tonnerre et d'éclairs répondait à l'é-
vocation des Evhages, et versait une pluie bienfaisante sur la terre altérée.

Au solstice d'été, dans les grandes sécheresses,
les Druidesses faisaient rassembler toutes les femmes. La plus jeune des vierges marchait à la tête
de ses compagnes qui portaient des rameaux de
chêne, pour aller cueillir dans l'ombre des majestueuses forêts où la Gaule avait ses temples, la
plante consacrée au soleil. Cette solennité appelait
les influences célestes par lesquelles la terre devait
être rafraîchie et vivifiée.

En associant ainsi les femmes aux cérémonies du culte, nos pères leur accordaient souvent la prééminence, comprenant sans doute toute la puissance d'une volonté pure, unie aux généreux élans d'un cœur aimant et dévoué.

Sur la côte de Bretagne, devant la chaîne de noirs rochers que l'Océan bat avec fureur, s'élève l'île granitique de Séna, presque toujours couverte de nuages épais. Ces rives sauvages, assaillies par une mer terrible et par des vents impétueux, semblent prêtes à s'engloutir dans l'abîme devant chaque nouvelle tourmente.

C'est là que vivaient des Prêtresses sanctifiées par une virginité perpétuelle, vénérées comme les Pythonisses et les Sibylles, et douées de la prodigieuse puissance d'apaiser les tempêtes qui menaçaient de submerger le sombre rivage où, suivant les traditions, la violence de la mer avait anéanti la ville d'Is, pendant un épouvantable ouragan.

Nous aurions encore à citer les Hébreux, dont les croyances offrent tant d'analogie avec les mythes et les traditions du Druidisme, parmi les peuples qui évoquaient la foudre. « Moïse, dit l'Exode, étendit sa main vers les cieux, et l'Éternel envoya

des tonnerres et de la grêle, et le feu se promenait
sur la terre d'Égypte. »

Le grand prophète du Carmel, Elie, fait descendre
le feu du ciel sur l'autel de pierres brutes qu'il élève à Jéhovah, devant l'autel des prêtres de Baal
invoquant en vain leurs dieux pour obtenir le même miracle. — A sa prière, une nuée apparut sur
la mer, annonçant la fin de la sécheresse. « Et il
arriva que le ciel s'obscurcit de nuages de tous
côtés, et que le vent s'éleva, et il y eut une grande
pluie (*Rois*, 1, xvii). »

Si on rapproche ces diverses traditions de la tradition des Pélasges, qui prédisaient aussi et con-
juraient la tempête et la foudre, on est frappé de
voir unies dans un même mythe grandiose les races
sacerdotales, industrieuses et savantes, dont la lutte
avec les races héroïques et guerrières forme le fond
même de l'histoire ancienne et se prolonge jusque
dans l'histoire moderne. Le progrès des sciences
naturelles et philosophiques au moyen âge, le grand
élan de la Renaissance, les glorieux travaux de
notre époque, ont préparé la victoire, qui désormais
n'est plus douteuse. Elle appartient à la science,
aux irrésistibles puissances de l'industrie, aux fils

de Prométhée, inventeur du feu, à Watt, Fulton, Volta, OErsted, Ampère, Lavoisier; — à Galilée, Copernic, Kepler, Newton, Herschell, Geoffroy Saint-Hilaire, révélateurs des lois divines et de l'ordre universel.

Avec la Sybille antique, les Vestales de Numa, les Prêtresses de la Gaule, commençait un nouveau règne, celui de la domination des forces morales sur la nature. L'homme semblait avoir déjà deviné que la force immense contenue dans la calme sérénité du ciel est supérieure aux passagères fureurs de la tourmente; et, par un secret sentiment des puissances de l'âme, il donnait aussi la domination à la pureté, à la paix, à la confiante simplicité des grands cœurs.

« L'âme, dit Roger Bacon, agit sur le corps, et son acte principal, c'est la parole. Or, la parole proférée avec une pensée profonde, une volonté droite, un grand désir et une forte conscience, conserve en elle-même la puissance que l'âme lui a communiquée et la porte à l'extérieur; c'est l'âme qui agit par elle et sur les forces physiques et sur les

autres âmes qui s'inclinent au gré de l'opérateur.
La nature obéit à la pensée, et les actes de l'homme
ont une énergie irrésistible. Voilà en quoi consis-
tent les caractères, les charmes et les sortiléges;
voilà aussi l'explication des miracles et des prophéties qui ne sont que des faits naturels. Une
âme pure et sans péché peut par là commander
aux éléments et changer l'ordre du monde; c'est
pourquoi les saints ont fait tant de prodiges. » (*Opus
majus.*)

La mythologie charmante des Fées, leur bienfaisante influence sur la nature, la beauté, la bonté
dont elles sont douées, les enchantements qui
annoncent leur invisible présence, sont, chez les
peuplades galloises, le symbole de la vénération
qui s'attachait aux vertus de la femme, l'expression poétique des croyances qui soumettaient les
éléments à ces vertus.

Mais une aube nouvelle se lève, la Renaissance
approche; à l'âge de l'homme va bientôt succéder
l'âge de l'humanité.

Dans son quatrième voyage au Nouveau-Monde
(1501) Colomb est assailli dans le golfe du Mexique
sur la côte de Veragua, par une tempête affreuse.

« La mer dit-il dans sa lettre à la reine d'Espagne,
paraissait bouillonner comme une chaudière sur
un grand feu. On ne vit jamais le ciel avec un
aspect aussi effrayant, il brûla un jour et une nuit
comme une fournaise, et il lançait des rayons
tellement enflammés qu'à chaque instant je regar-
dais si mes mâts et mes voiles n'étaient pas emportés. Ces foudres tombaient avec une si épouvantable furie, que nous croyions tous qu'ils allaient
engloutir les vaisseaux. Pendant tout ce temps,
l'eau du ciel ne cessa pas de tomber, on ne peut
appeler cela pleuvoir, c'était comme un autre
déluge. »

Herrera, dans sa vie de Colomb, décrit les phénomènes extraordinaires de cette tempête. Une
trombe monstrueuse s'avançait sur la flottille, et
menaçait les équipages désespérés d'un horrible désastre. Colomb fit arborer l'étendard royal et conjura
la trombe en disant avec son équipage les premiers
versets de l'Évangile de saint Jean, auxquels on
attribuait un pouvoir miraculeux. « L'ayant ainsi
coupée, dit Herrera, ils s'en crurent garantis par
la vertu divine. »

C'était au nom des Dioscures, des dieux de

l'Amitié, que les premiers navigateurs apaisaient la
tourmente. Maintenant, c'est au nom d'une amitié
plus grande, par les lumières de l'Évangile, du
Verbe de Fraternité, que sont dominées les forces
terribles de la destruction. Et ce n'est pas seulement
ce touchant symbolisme qui nous frappe dans la
prière de Colomb. Guttenberg vient de découvrir
l'imprimerie, qui bientôt, par le Verbe, gouvernera
le monde. « Ses messagers, dit Maury, vont de
toute part, la nuit et le jour, ils arrivent sans bruit
comme le flocon de neige ; mais ils parlent avec la
voix du tonnerre à l'esprit du peuple, et l'illuminent
comme l'éclair. »

Le cycle merveilleux des antiques prodiges se
ferme, et la Renaissance ouvre le cycle nouveau
des magies de la science (25). Aux devins, aux
augures, aux évocateurs du passé succèdent les
puissants génies qui, par l'observation, par l'expérience, par l'analyse et par la méthode, par le
Nombre, ravissent à la nature ses secrets, et nous
guident à la conquête des forces mystérieuses que
nous ne pouvons dominer qu'en les connaissant, en
remontant à la cause de leurs redoutables perturbations.

Mais à mesure que nous pénétrons ainsi, conduits par le génie, dans l'immense et magnifique domaine de la vie tellurique, nous reconnaissons notre impuissance devant la grandeur des phénomènes, et nous comprenons que nous ne pourrons agir sur la cause qui les détermine que par l'action collective de l'humanité, par les forces de l'association, par la concorde.

C'est à ce sentiment que répond le grand mouvement qui entraîne aujourd'hui les nations les plus éclairées vers une nouvelle alliance fondée sur la science et sur l'industrie, qui unissent de plus en plus tous les peuples dans une même féconde activité, dans une même recherche du bien, dans une même ligue contre les fléaux qui nous menacent encore.

Aux fureurs de l'ouragan, aux dévastations de l'orage, nous opposerons les forces de la solidarité, les merveilleuses créations de l'industrie, les avertissements de la science, transmis sur le globe entier avec la rapidité de la foudre, par l'électricité.

Reconnaissants envers les ancêtres dont l'audacieux génie osa rêver ces conquêtes, nous ne dé-

18

daignerons pas leurs pressentiments, leurs premiers
élans vers la vérité, leurs premières croyances, et
nous n'oublierons pas la majesté du sacerdoce
antique devant l'imposante grandeur des sciences
qui nous ont révélé la Loi des tempêtes.

XVI

LOI DES TEMPÊTES

Aristote, dans sa météorologie, s'arrête sur une importante observation, qui devait être plus tard généralisée : les vents se succèdent dans la direction du mouvement apparent du soleil. Théophraste, et après lui Pline, constatèrent la même loi, la première qu'on ait aperçue au milieu des fluctuations de l'atmosphère. Dans la *Vie de l'amiral*, Fernando Colomb cite une observation semblable faite par son père durant le cours de sa navigation vers le Nouveau Monde. Depuis lors, on a reconnu l'existence de ce mouvement de succession, non-seulement dans tout notre hémisphère, mais aussi dans l'hémisphère austral.

Un éminent météorologiste allemand, M. Dove,

explique le phénomène par l'action réciproque des
deux principaux courants aériens qui viennent du
pôle et de l'équateur. Les rares exceptions que l'on
signale quelquefois, coïncident toujours avec de
grandes perturbations atmosphériques. Les marins
anglais disent que le vent qui « tourne contre le
soleil » est un signe de mauvais temps. Dans
les plus anciennes descriptions de grande tempêtes, et surtout dans les récits à la fois si poé-
tiques et si vrais d'Homère et de Virgile *, on
voit toujours la lutte entre les vents opposés, soufflant de tous les points de l'horizon. Les relations
des navigateurs, depuis l'antiquité jusqu'à nos
jours, présentent fréquemment le même tableau
d'une mer bouleversée par des rafales tournoyantes.

On savait depuis longtemps que les ouragans
des tropiques étaient presque toujours de grands
tourbillons. Les vieux marins racontaient que des
navires, après avoir fui vent arrière pendant plusieurs jours, s'étaient retrouvés au point même où
la tempête les avait surpris. En 1760, Franklin
montrait que les coups de vent du nord-est de la

---

* *Enéide* et *Géorgiques*. — Livres I.

côte d'Amérique avaient leur origine au sud-ouest.
Les excellentes études du colonel Capper *, publiées en 1801, donnaient de précieux détails sur
les vents généraux, les moussons et les tempêtes
tropicales. « Guidé par quelques cas qu'il avait
observés dans l'Inde, il établissait par des preuves
positives, que ces ouragans étaient de gigantesques tourbillons de vent , dont le diamètre s'étendait quelquefois jusqu'à 120 milles ; qu'ils avaient,
en outre d'un mouvement tourbillonnant, un mouvement de translation qui portait la masse entière
du tourbillon dans une direction à peu près recti-
ligne. Il pensait aussi qu'on pouvait déterminer la
position du navire dans le tourbillon, en observant
avec exactitude la force du vent et ses changements de direction ; qu'alors il devenait facile de
s'éloigner du centre du mauvais temps , ou du
moins de se préparer à le recevoir **. »

De nouvelles recherches dues à un savant ingénieur de New-York, M. Redfield, furent publiées

---

* On prevailing Storms of Atlantic coast of North America.
— Observations on Winds and Monsoons. London 1801.
* De la puissance et des effets des ouragans, typhons, tòrnados
des régions tropicales, par J. Ducom. Bordeaux, 1851.

en 1834. Comparant un grand nombre de relations qui lui avaient été communiquées par des
capitaines de navires, il démontrait aussi que les
grandes tempêtes de l'Atlantique ont un mouvement de rotation en même temps qu'un mouvement progressif *. En Angleterre le colonel du
génie Reid fit faire un pas décisif à la science, par
sa découverte (1838) du sens permanent de la rotation des ouragans dans chaque hémisphère **. Il
énonça ainsi la *loi des tempêtes (law of storms)* :
le mouvement, au nord de l'équateur, est toujours
dirigé de l'est vers l'ouest en passant par le nord,
ou en sens contraire de la marche apparente du
soleil; dans l'hémisphère austral, la direction du
mouvement est opposée, de l'est vers l'ouest en
passant par le sud, ou dans le même sens que la
marche du soleil, observée dans notre hémisphère.
En d'autres termes, la rotation suit le mouvement
des aiguilles d'une montre au sud de l'équateur;
elle est en sens inverse au nord. Cette observation.

---

* *Summary Statements of some of the Leading Facts in Meteo-
rology.* — Boston, 1834.
* *A Statement of the Progress made towards developing the
Law of Storms.* — Londres, 1838.

vérifiée depuis dans toutes les parties du globe,
peut-être considérée comme une vérité générale.

En continuant ses recherches, le colonel Reid
découvrit une seconde loi, celle qui régit la translation des cyclones. Leur course, c'est-à-dire la
ligne suivie par leur centre, trace une courbe géométrique, la parabole, se dirigeant de l'équateur
vers les régions tempérées. Cette parabole a constamment son sommet situé à l'ouest, elle est tan-
gente au méridien vers la latitude de 30 degrés
dans l'hémisphère boréal, et vers celle de 26 degrés
dans l'hémisphère austral, latitudes qui marquent
les limites des vents alizés.

Les lois que nous venons d'énoncer, découvertes
dans le phénomène le plus désordonné en apparence, sorte de monstruosité chaotique, eurent une
grande influence sur les progrès de la physique
générale du globe. La règle, aperçue au milieu des
déviations anormales des courants de l'océan aérien, conduisit à la conception d'un système complet de circulation. Dans le plus rationnel et le
plus récent de ces systèmes, celui du commandant
Maury, on suit le trajet des molécules d'air d'un
pôle à l'autre, à travers de grandes veines fluides.

tantôt superposées, tantôt se croisant dans des zones
de calme qui forment, pour ainsi dire, les nœuds
du mouvement général. Par de là les vents alizés,
de grands courants se dirigent obliquement vers
les zones glaciales, en formant autour d'elles
comme un immense tourbillon. Il est à remarquer
que la rotation de chacun de ces tourbillons s'o-
père dans le même sens que celle des cyclones de
l'hémisphère dans lequel on se trouve.

Dès que la loi des tempêtes fut connue, on en fit
aussitôt une application éminemment utile à l'art
de la navigation. Les marins en déduisirent des
règles dont l'observation devait diminuer les dangers auxquels le navire est exposé au milieu d'un
ouragan. Connaissant le sens de la rotation, le capitaine pouvait déterminer facilement sa position
par rapport au centre, et calculer en même temps,
au moyen de la dépression barométrique, la distance moyenne à laquelle il s'en trouvait. Connaissant d'ailleurs le mouvement de progression du
cyclone, il pouvait savoir s'il était ou non dans le
demi-cercle dangereux où les vitesses de translation
et de rotation s'ajoutent, et régler par suite sa manœuvre sur des données plus exactes que celles qui

le laissaient à la merci d'un redoutable phénomène,
dont on n'avait pu pénétrer le mystère.

Dans leurs *Guides*, Piddington et le commandant Bridet enseignent non-seulement comment on
peut éviter l'ouragan, ou du moins échapper aux
chances les plus désastreuses, mais ils indiquent
encore comment on peut en profiter quelquefois.
Nous ne pouvons entrer ici dans des détails techniques à ce sujet; nous constatons seulement que la
science des tempêtes a déjà rendu de très-grands
services aux navigateurs. Éclairé par elle, le capitaine trace avec sécurité sa route, même au milieu
du cyclone, qu'il vaut encore mieux affronter en
pleine mer qu'au mouillage. Pour un bâtiment à
vapeur, beaucoup plus maître de sa manœuvre
qu'un bâtiment à voiles, non-seulement l'ouragan
n'est presque plus à craindre, mais il devient souvent, au contraire, un auxiliaire important. On se
sert généralement aujourd'hui de navires mixtes
qui peuvent, en contournant le cercle de tempête,
aller chercher des vents favorables, dont la violence les conduira plus rapidement à leur destina-
tion.

La théorie physique des cyclones a été traitée

par plusieurs savants, mais elle présente encore
beaucoup de lacunes. Il est probable que son achèvement aura une grande influence sur la constitution de la météorologie générale. C'est souvent par
la solution de problèmes relatifs aux phénomènes
exceptionnels qu'on arrive à mieux connaître les
principes fondamentaux des sciences.

Un ingénieur français, M. Keller [*], a montré
que l'air affluant dans une zone dilatée, placée
entre les moussons et les alizés, se met nécessairement en mouvement dans un sens ou dans l'autre,
par suite de la rotation diurne, suivant qu'il arrive
du nord ou du sud. Il en résulte, pour chaque hémisphère, un couple tournant précisément dans le
sens indiqué par la loi des tempêtes. La translation
parabolique s'explique également par des avances
ou des retards de mouvement provenant de la
même cause générale, qui modifient la course du
cyclone à mesure qu'il atteint des latitudes plus
élevées. La dynamique ne paraît cependant pas
suffire pour rendre compte de ces grandes perturbations. M. Keller, Piddington et d'autres météo-

---

[*] *Des ouragans, tornados, typhons et tempêtes.* — Annales
maritimes. — Paris, 1847; réédité en 1860.

rologistes pensent que l'électricité exerce une puissante influence sur les phénomènes variés qu'elles
présentent à l'observation.

Parmi les recherches scientifiques qui se pour-
suivent à ce sujet, il faut mettre en première ligne
celles du Bureau météorologique dirigé par l'amiral Fitz Roy. Ce Bureau centralise le service très-
étendu d'observations périodiques dont nous
avons exposé l'organisation ; et comme les cyclones
de l'Atlantique se dirigent sur l'Angleterre en dé-
crivant la seconde branche de leur course parabolique, il devient facile de suivre les mouvements
qui se produisent dans l'atmosphère pendant leur
passage. On construit ainsi des cartes synchroni-
ques indiquant les éléments du temps plusieurs
jours avant et après le cyclone, et de trois en trois
heures pendant la durée du phénomène. Ce travail a été fait pour l'ouragan du 25 au 26 octobre 1859, pendant lequel un magnifique bâtiment
de l'État, le *Royal-Charter*, qui avait fait le tour
du monde, périt corps et biens au mouillage des
îles d'Anglesea. Les vingt-six cartes relatives à
cette instructive investigation ont été construites
avec le plus grand soin par un savant officier,

M. Babington, dont la patiente étude aura sans
doute d'importants résultats. Elle est accompagnée
d'un commentaire de l'amiral Fitz Roy, qui comprend, outre des confirmations de la théorie générale sur laquelle nous n'avons pas à revenir, une
série de remarquables circonstances météorologiques qui ont coïncidé avec cette tempête, et qui
peuvent, même de très-loin, avoir été en rapport
avec elle.

Après une grande sécheresse, observée en 1858
en Afrique, en Amérique, dans l'Inde et en Australie,
l'hiver fut extrêmement doux. Dans nos contrées,
spécialement en Angleterre, il y eut une nouvelle
sécheresse pendant le printemps et l'été de 1859.
Ces mêmes saisons furent au contraire très pluvieu-
ses en Afrique, où les fleuves et les rivières débordèrent. Ce ne fut qu'en septembre, un mois avant
la tempête du *Royal-Charter* que la pluie commença
à tomber sur les îles Britanniques. — Vis-à-vis de
de ces influences tropicales observées dans notre
zône tempérée, il faut placer celles des régions
arctiques, aux limites desquelles s'était accumulée
une quantité extraordinaire de glaces flottantes.
Suivant le capitaine Mac-Clinctock elles n'avaient

pas été depuis longtemps aussi abondantes sur la côte du Groenland. Ce fait dénotait une chaleur anormale dans le voisinage du pôle.

La coïncidence d'une aurore boréale et de perturbations magnétiques avec cette tempête est constatée dans plusieurs lettres, qui relatent aussi une observation remarquable. A l'entrée de la nuit pendant laquelle l'ouragan atteignit son maximum de violence, un globe de feu apparut au milieu des nuages, changeant rapidement de couleur et se brisant ensuite en éclats. Il fut aperçu au même instant de Plymouth, où son passage fut suivi d'une rafale épouvantable, et de Dublin, où l'observateur se trouvait dans un calme parfait, probablement au centre du cyclone.

D'après les signes donnés par un électroscope pendant le passage de l'ouragan, il y aurait eu constamment polarité électrique entre les demi-cercles que séparait la ligne suivie par le centre, l'un étant chargé d'électricité positive, et l'autre, d'électricité négative.

On a constaté en outre, du 20 au 26 octobre un accroissement continuel dans la proportion d'ozone, ou oxygène électrisé, contenu dans l'air.

19

Pendant la tempête l'ozonoscope marquait le maximum.

La hauteur de la marée fut exceptionnelle sur toute la côte, et principalement à l'embouchure de la Dée, où elle couvrit une inscription placée pour indiquer la plus grande élévation observée dans l'espace d'un très-grand nombre d'années.

Des sections de la couche atmosphérique suivant les différents rhumbs du compas, ont été tracées au moyen des hauteurs barométriques prises de six en six heures. Une grande dépression y marque clairement les positions successives occupées par le centre du cyclone.

Dans cette région centrale la diminution du poids de l'air permet au gaz de s'échapper des parois dans les galeries de mines. Il y eut en effet des explosions de grisou, le 26 octobre à Longton et à Tipton dans le Straffortshire, à Tollcross dans l'ouest de l'Écosse.

Les relevés statistiques indiquent par des chiffres trop significatifs la terrible période de mauvais temps qui régna en Angleterre pendant l'automne de 1859. D'après les registres de l'Amirauté, sur 139 navires naufragés pendant l'année, 77 périrent dans la courte période comprise entre le 21 octobre et le 9 novembre. Il y eut, durant ces trois semaines 877 marins noyés, plus de la moitié des 1645 comptés pour toute l'année. — Dans les mines de charbon, la proportion des accidents causés par l'explosion du gaz inflammable fut de de 18 pour le seul mois d'octobre à 81 pour l'année entière.

Un fait singulier, qui rappelle ce que nous avons dit au sujet des orages magnétiques, fut observé le 1er septembre 1859, c'est-à-dire vers le commencement de la tourmente. Nous l'extrayons d'une lettre écrite par lord Wrottesley à l'Association britannique pour le progrès des sciences.

« A onze heures dix-huit minutes du matin, dit-il, un savant astronome, M. Carrington, avait dirigé son télescope sur le soleil pour en observer les taches, quand il aperçut tout à coup sur le disque deux corps extraordinairement lumineux se mouvant l'un à côté de l'autre en augmentant de diamètre. Ils disparurent après cinq minutes, ayant parcouru un espace d'environ 35,000 milles. L'apparence d'un grand groupe de taches noires à travers lequel ils passèrent ne fut nullement changée.

Au même moment ce remarquable phénomène fut aperçu d'un autre observateur, M. Hodgson, à Highgate, qui avait heureusement braqué aussi son télescope sur le disque solaire. Il est donc possible que ces deux astronomes aient ainsi assisté à la chute d'une matière météorique dans la photosphère. Quoi qu'il en soit, il faut ajouter cette remarquable circonstance qu'à l'observatoire de Kew on constata une perturbation de l'aiguille aimantée à la minute même où ce phénomène inattendu se produisait. L'orage magnétique qui commençait ainsi dura plusieurs heures. Il y a donc un lien entre les éléments du magnétisme terrestre et certains phénomènes qui se passent à la surface du soleil, ainsi que l'ont d'ailleurs mis en évidence les découvertes de Schwabe comparées aux données de nos observatoires coloniaux. »

M. Bridet a pu constater que les cyclones qui passent sur la Réunion ont une hauteur qui ne dépasse pas trois à quatre kilomètres. La dévastation des terres s'arrête à cette distance sur la pente des monts Salazes et, comme il arrive souvent en Suisse, on peut se trouver sur les sommets dans un air calme et serein, pendant que la tempête éclate dans la vallée. — La rencontre de l'ouragan avec les terres élevées présente aussi des contrastes remarquables. Les divers quartiers de l'île, successivement abrités par les montagnes suivant la direction du vent, profitent de l'accalmie, pendant qu'à peu de distance les lieux découverts sont dévastés par de furieuses rafales.

Les indications qui précèdent montrent combien est vaste encore le champ des recherches relatives aux cyclones. M. Andrau, dont nous avons déjà cité les belles cartes indiquant la distribution des orages et des tempêtes sur l'Océan, a publié dernièrement avec un de ses collaborateurs de l'Institut météorologique d'Utrecht, M. J. Van Asperen, un résumé des plus récentes observations relatives à la loi des tempêtes [*], qui complète les études précédentes. Ces nouvelles recherches tendent à prouver que le plan de rotation des cyclones, parallèle à la surface terrestre dans les régions équatoriales, se relève et s'incline de plus en plus à mesure qu'on s'approche des pôles, en sorte

* *De wet der Stormen.* — Utrecht, 1862.

qu'une partie seulement du tourbillon est en contact avec l'Océan dans les hautes latitudes. Piddington avait déjà dit que les cyclones peuvent ne
pas être « des disques parallèles (exactement tan-
gentiels) à la surface du globe, mais au contraire
des disques inclinés en avant. » Il attribuait à cette
inclinaison du disque l'inégalité de force et de durée
du cyclone sur les deux côtés de sa circonférence.

Non-seulement les savants ont à compléter la
théorie après avoir soigneusement coordonné les
observations faites jusqu'à présent, mais ils doivent
encore recueillir des observations nouvelles en allant, sous la conduite de capitaines expérimentés,
à la rencontre des cyclones, ainsi que le demande
Piddington dans un éloquent appel au dévouement
et au patriotisme des marins anglais. Nulle gloire,
en effet, ne serait préférable à celle ainsi conquise
par des hommes dignes de remplir une telle mission, pour servir à la fois la science et l'humanité,
et nous espérons qu'une si généreuse entreprise sera
bientôt tentée par les États maritimes unis, depuis
la conférence de Bruxelles, dans une même association, dans une même alliance, pour assurer le
progrès et la sécurité de la navigation.

Nous devons en terminant citer encore un passage du livre de M. Bridet : « Si les cyclones, dit-
il, ravagent les pays qui se trouvent directement
sur leur passage, s'ils font courir aux navires les
plus grands dangers, ce sont eux aussi qui fertili-
sent les contrées qu'ils visitent en y répandant des
pluies bienfaisantes. Il semble que ces terribles
fléaux ont une mission à remplir, et que leur effet
utile dépasse de beaucoup les désastres qu'ils cau-
sent. La saison de l'hivernage serait la ruine des
moissons de la zone torride, séchées sur pied par
l'ardeur d'un soleil implacable, si des pluies fréquentes ne tempéraient le climat de ces brûlantes
contrées. Il faut donc que l'eau vaporisée dans les
régions équatoriales vienne se déverser sur les pays
intertropicaux. Les cyclones sont les moteurs destinés à ce transport ; c'est à leur passage que nous
devons les pluies torrentielles qui fournissent les
grandes masses de sels ammoniacaux, d'acide carbonique et d'électricité si favorables à la végétation, pluies bienfaisantes dont l'action salutaire
parvient souvent à réparer les ravages causés par
le parcours du centre d'un ouragan. »

Dans la plupart des cas, les cyclones, dont le

mouvement de progression n'est généralement que
de deux à trois lieues par heure, pourront être annoncés par le télégraphe aux régions vers lesquelles
ils se dirigent. Quand un système de câbles électriques liera, par exemple, les Barbades aux îles de
la mer des Antilles et aux côtes orientales de l'A-
mérique du Nord, tous les bâtiments qui se trouveront sur la route orageuse du Gulfstream, en vue
des terres, pourront être avertis à temps et ma-
nœuvrer en conséquence.

Faut-il ajouter encore une simple conjecture?
Les cyclones ne deviendront-ils pas à la fois moins
nombreux et moins redoutables, à mesure que
notre globe, considéré comme un organisme progressif, entrera dans une phase où ses forces seront mieux équilibrées? L'action de l'humanité sur
la nature physique de la planète qu'elle habite est
certainement un élément dont il faut tenir compte,
et la voie n'est-elle pas ici tracée d'avance aux siècles futurs? Les cyclones paraissent se former,
comme nous l'avons déjà dit, dans les vastes et
brûlantes solitudes des déserts. Mais ces régions
arides ne doivent-elles pas un jour se couvrir de
végétation, quand les nations, unies dans la paix,

appliqueront à une production plus abondante l'é-
nergique activité qu'elles dépensent aujourd'hui
au milieu des luttes meurtrières que les progrès de
la justice rendront de jour en jour moins nécessaires. Déjà, au sud de l'Algérie, nos ingénieurs
créent de nouvelles oasis en faisant jaillir au sein
des sables des sources abondantes. Les tribus
arabes qui viennent prendre part à la glorieuse entreprise du canal de Suez couvrent aussi la vallée
biblique de Gessen, naguère stérile, de cultures
qui lui auront bientôt rendu son antique fertilité,
et qui, s'étendant de proche en proche, favorisées
par des canaux d'irrigation, féconderont les déserts de l'isthme. Enfin, ne voyons-nous pas les
nations les plus éclairées étendre incessamment
leur domination par la conquête des vastes régions, où elles transportent ce besoin de bien-être
moral et matériel qui chaque jour ranime leur intelligente ardeur, et les pousse vers la conquête de
nouvelles richesses et de nouvelles puissances?

Sans doute, cette action peut être renfermée
dans de plus étroites limites que celles dont les
conquêtes de la science et de la civilisation nous
engagent à indiquer les signes trop lointains. Mais

19.

si la puissance de l'homme est bornée, si elle ne peut
atteindre jusqu'à la cause même des phénomènes
dont son intelligence découvre les lois, l'action
permanente de la Providence, le constant progrès
de la nature, ouvrent, au contraire, le plus vaste
champ aux espérances que tant de vérités et de
pensées nouvelles nous inspirent.

Ainsi, l'influence des déserts ou des vastes étendues de l'Océan n'est pas la seule qui puisse contribuer à la formation des tempêtes. Piddington, qui
croit que les cyclones sont, comme les tornades et
les trombes, des phénomènes purement électriques
formés dans les plus hautes régions de l'atmosphère, adopte pourtant en partie l'opinion de divers savants, qui ont cherché à prouver que ces
violentes perturbations pouvaient provenir des
grands centres volcaniques, et il ajoute même que
leurs courses ont souvent lieu sur la ligne de ces
foyers souterrains. Les éruptions volcaniques sont
d'ailleurs fréquemment accompagnées de tempêtes, d'orages et de grandes pluies. Si cette connexion était bien établie, il serait évident que le
nombre et la force des ouragans ont dû diminuer,
en même temps que s'affaiblissait l'action volca-

nique qui s'étendait jadis sur toute la surface du globe, et qui n'apparaît plus aujourd'hui que dans quelques régions, où les éruptions sont ordinairement séparées par de longs intervalles.

Souvent aussi les cyclones et les tremblements de terre coïncident. La *Table chronologique* [*] de M. A. Poey contient plusieurs exemples de cette coïncidence, qu'on peut attribuer à l'immense action électrique de l'atmosphère pendant les cyclones, presque toujours illuminés, comme nous l'avons vu, par les éclairs et les météores.

D'après les observations du docteur P. Baddeley, les tempêtes de poussière de l'Inde sont causées « par des colonnes spirales de fluide électrique passant de l'atmosphère à la terre. » Ce résultat justifie pleinement les conjectures de Piddington sur la formation des cyclones, conjectures qui s'appuient sur la théorie des trombes, de Peltier, sur les récentes découvertes si importantes auxquelles nous devons la loi des tempêtes, enfin sur la plus consciencieuse étude des faits observés.

[*] *Table chronologique* de quatre cents cyclones (1493 à 1855), par André Poey.

En admettant cette théorie, on comprend encore que la prodigieuse activité électrique excitée par l'ardente effervescence des premiers âges de la terre, devait produire des ouragans formidables, des tourbillons, des tempêtes, des orages terribles, dépassant toutes les proportions actuelles, et dont la violence a diminué à mesure que l'équilibre s'est établi entre les forces qui, nous le croyons, tendent encore aujourd'hui à une harmonie moins imparfaite.

Écartons cependant tout ce que ces rapports et ces comparaisons peuvent suggérer à l'imagination sur l'avenir de notre planète, et plaçons-nous simplement en face du sentiment d'humanité qui a présidé aux persévérantes recherches des observateurs dévoués dont nous avons résumé les utiles travaux. Nous n'en verrons pas moins toute la grandeur de la science nouvelle dont ils ont posé les fondements, et qui a déjà sauvé tant de victimes, en substituant aux vaines terreurs de l'ignorance la ferme résolution qui nous soutient devant un danger que l'intelligence domine, et qu'elle combat avec l'énergique espoir du salut commun.

CONCLUSION

Pendant une des belles fêtes de la savante Allemagne, le professeur Werder, disciple de Hegel,
disait à ses jeunes élèves qui venaient de chanter
ensemble le *Gaudeamus*, le chant de l'Université :
« La peur, c'est le diable ; mais l'espoir, la force,
le cœur, le hardi courage, c'est là Dieu en
nous. »

Sparrmann, dans son voyage au Cap, raconte
que les Hottentots attribuent aux mauvais génies
tous les malheurs qui leur arrivent, entre lesquels
ils comptent toujours la pluie, le froid et le tonnerre. « Inutilement on voudrait leur faire entendre que la partie végétale d'où ils tirent leur

subsistance, comme tous les animaux, dépérirait sans la pluie, et sécherait sur pied. Le Hottentot même que je pris à mon service, à Zwellendam, persista, en dépit de toutes mes objections, à croire obstinément que la pluie était toujours un mal, et que ce serait un grand bonheur s'il ne pleuvait jamais. »

Cette observation peut s'appliquer à un grand nombre de faits semblables, dans lesquels nous ne voulons voir que le mal, faute de connaître les rapports qui les lient au maintien de la vie et de l'ordre général. Heureusement, la « curiosité, fille de l'ignorance et mère de la science » (Vico), nous pousse à la recherche des causes, et nous arrivons souvent à découvrir le bien, même sous les plus repoussantes apparences. Non, évidemment, sans un effort vers la vérité, vers la justice, sans une ferme conviction que le lent progrès de la création s'opère d'une manière presque insensible devant la courte durée de notre existence (26). Nous ne parlons pas seulement de l'existence individuelle, mais aussi de l'existence collective des sociétés. Il est certain que le mal existe et même qu'il domine encore sur notre planète. Mais à

côté du mal le bien est presque toujours visible, la
Raison souveraine est toujours présente. Dans
les révolutions de la nature, comme dans les
révolutions des sociétés, nous subissons l'action
des forces désastreuses qui s'élèvent, terribles, par·
tout où le mal tend à prévaloir, ou le progrès
tend à s'arrêter. Sous leur violente pression la
vie se renouvelle, le progrès reprend son cours,
et, dans le calme fécond qui succède à la tourmente, nous reconnaissons la main divine.

Nous sommes loin de penser que devant cette intervention suprême, l'homme n'ait qu'à s'incliner.
Par la beauté de ses croyances, par le développement de sa raison, par la grandeur de son génie,
il est appelé à aider la Providence dans ses bienfaisants desseins, et à se rapprocher ainsi de Dieu,
autant par les conquêtes de l'intelligence que par
les vertus de la sainteté. Le génie, ce don divin
de création, est toujours accompagné d'un profond sentiment religieux. « Le monde, dit Emerson * est exhaussé par la véracité des grands hommes. Ils nous font don de nouveaux élans et de

* *Essais de philosophie américaine,* par Ralph Emerson; traduits
par Émile Montégut.

nouveaux pouvoirs. La vénération du genre humain les place au plus haut sommet. Chaque cité, chaque village, chaque maison, chaque vaisseau nous rappelle leur génie : « toujours les fantômes » de ces frères plus sublimes, mais du même sang » que nous, se lèvent sous nos yeux ; dans toutes » nos fonctions, même les plus humbles, ils nous » commandent par des regards pleins de beauté et » des mots pleins de l'esprit du bien. »

C'est à ce culte des grands hommes, qui remplace dans l'histoire le culte des demi-dieux, que nous devons le sentiment de notre puissance, la certitude d'un avenir meilleur. Devant les conquêtes du passé nous marchons avec confiance vers les conquêtes nouvelles, et nos espérances, successivement agrandies par les glorieuses découvertes de la science depuis le xvᵉ siècle, atteignent aujourd'hui, par un audacieux élan, jusqu'aux plus lointains sommets de l'idéal.

« Le jour viendra, disait Emerson à un ami, où nous dirons : Je ferai neiger, je ferai pleuvoir. » Sans attacher d'importance à ce simple dire, nous pouvons juger du progrès accompli en le rapprochant de l'opinion du Hottentot, qui ne veut ni pluie ni froid, et qui attribue les météores aux mauvais génies. Dans la pensée d'Emerson, sans nul doute, la Providence de Dieu est présente à côté de la providence humaine : « Il appartient à l'homme de dompter le chaos, de répandre, pendant qu'il vit, les semences de la science et du chant, afin que les climats, la moisson, les animaux, les hommes puissent être plus doux, et que les germes de l'amour et du bienfait puissent se multiplier. »

Ainsi que l'avaient pressenti les premiers sacerdoces, l'homme peut agir sur la nature, il est l'allié, le compagnon des dieux. Un aveugle destin, une inexorable fatalité ne régissent pas le monde. Au-dessus des phénomènes planent l'Esprit qui crée les lois, l'intelligence qui les découvre et qui bientôt contribue à étendre le domaine où elles règnent (27).

La fable nous montre Jupiter poursuivant Typhon avec une harpe d'or. C'est le mythe d'Orphée, inventeur de la lyre, domptant les monstres par l'harmonie, par le rhythme, par le nombre.

« Comme jadis ceux qui voulaient pénétrer dans les secrets du destin allaient consulter l'ora-

cle de Delphes, aujourd'hui, c'est de toutes parts
comme un grand pélerinage de tous les esprits
vers la science *. » Aux antiques terreurs causées
par les phénomènes cosmiques, aux dieux menaçants qui peuplaient l'Empyrée, ont succédé la sereine contemplation des mondes de Galilée, la
religieuse étude de la vie sidérale, des grandes
lois de Kepler et de Newton, écrites dans cette
infinie splendeur du ciel où le vrai Dieu se révèle,
comme il s'est révélé dans la lumière des grandes
âmes.

Toutes les sciences, entrant à leur tour dans la
large voie ouverte par l'astronomie, nous affirme-
ront successivement l'unité du plan divin, l'existence des lois qui, dans l'universalité des êtres,
agissent pour donner toujours plus de lumière et
plus de vie, plus de puissance et plus de calme,
plus de beauté et plus d'harmonie. « Toutes choses
tendent à la paix, » dit saint Augustin dans la
Cité de Dieu.

Ainsi, la géologie, en nous découvrant les différentes périodes de la formation du globe, nous a

* *Victor Meunier.* — Histoire philosophique des progrès de la
zoologie générale. — Paris, 1840.

montré que, sous l'apparente confusion de sa surface, un ordre non moins admirable que celui du
monde sidéral était caché. Aujourd'hui la météorologie tend à nous donner les mêmes preuves
d'organisation progressive des éléments, en cherchant les lois de la circulation atmosphérique, en
étudiant les forces qui président à cette circulation,
dont la tempête n'est qu'un produit monstrueux.
Mais, dans sa monstruosité même, dans son déchaînement, dans les désastres qu'elle cause, elle
apparaît encore comme un bienfait, si on considère
l'ensemble des phénomènes météorologiques, et
leur influence sur la vie des plantes et des animaux, sur le bien-être de la race humaine.

« La nature, dit Maupertuis, ne fait rien en
vain; elle va toujours à l'épargne. » On a remarqué, nous l'avons dit, que les années les plus orageuses sont en même temps les plus fertiles, qu'aux
grands hivers succèdent des périodes de fécondité,
que la terre est plus productive quand elle a été
pénétrée par ces fortifiantes influences.

Lorsque les progrès de la science et de la solidarité nous permettront de toujours prévoir les tempêtes, et de nous mettre en garde contre les désas-

tres qu'elles entraînent à leur suite, nous ne souffrirons plus autant de leur violence, et, lors même que nous n'aurions pas l'espoir de les voir progressivement remplacées par l'action de forces moins soudaines et moins terribles, nous comprendrions, éclairés par le religieux esprit de notre époque, la grand parole de Jansen : « Leur formidable apparition fait trembler la terre et remplit d'effroi le cœur de l'homme. C'est pour lui cependant qu'au milieu de ces bouleversements, l'Amour veille et la Providence agit. »

Les fléaux de la guerre, des révolutions, ont été souvent comparés aux tourmentes de l'atmosphère. Les hordes barbares conduites par Gengiskan, Tamerlan, Alaric, Genséric, Attila, ont l'impétuosité terrible des forces aveugles du monde physique. Soumises aux mêmes lois, elles se forment dans les déserts, dans les steppes, dans la profondeur des immenses forêts, et se précipitent en orageux tourbillons, régénérant les races flétries, les populations abâtardies par le despotisme, renversant les sociétés corrompues, rapprochant, dans les plus effroyables destructions, les éléments de sociétés plus libres et plus heureuses. Le cri d'Attila : « Où mon cheval a passé, l'herbe ne pousse plus, » rappelle les ravages de l'ouragan. Les ruines de cinq cents villes marquent le passage des Huns, mais sur ces ruines mêmes s'élève la cité nouvelle dont le *Fléau de Dieu* a préparé l'avénement.

Ces formidables invasions ne nous menacent plus. Comme les tempêtes, les guerres, moins dévastatrices, moins barbares, tendent à devenir aussi moins fréquentes, et en même temps plus favorables à un progrès général vers la concorde. Sans doute nous ne voyons que trop aujourd'hui, éclairés par les révélations de l'histoire, la cause réelle des luttes meurtrières provoquées si souvent par le conflit ténébreux des plus funestes ambitions, des passions les plus coupables et les plus aveugles. Nous reculons, émus par un généreux sentiment d'humanité, devant l'horreur des champs de bataille, et nous désirons de plus en plus que les victoires de la force soient aussi les victoires du droit, que la justice de Dieu soit visible dans le

cœur du héros, qu'au-dessus des sombres destructions, des sanglants sacrifices, apparaisse, dans la
lumière, la bannière de Jeanne d'Arc, l'étendard
de Sobieski et de Kosciusko, le pavillon de Drake
détruisant l'Armada, le glorieux drapeau de Washington et de Marceau.

En cherchant « l'Esprit dans la Nature » (OErsted), dans le lent mais sûr progrès de la création
et dans le progrès analogue des sociétés,
nous avons indiqué le rapport des forces et des
mouvements que nous analysions avec les forces
et les mouvements de l'âme humaine. Cette profonde sentence de Delphes, qui est le point de départ de toute philosophie et de toute morale, la
science nous permet aujourd'hui de la compléter,
en disant : *Connais-toi toi-même* en connaissant la
nature, cherche les lois de l'âme dans les lois de
l'univers (28).

Nous avons tenté de faire entrevoir que, supérieure aux forces passagères de la tempête, subsiste
l'action paisible et continue des forces telluriques,
la puissance régulatrice dont le règne fécond sub-
stitue de plus en plus l'ordre au désordre, l'harmonie au chaos.

Et, de même, nous ne devons pas chercher la force dans le déchaînement des passions, dans les sentiments excessifs, dans les aveugles entraînements, dans les violences, qui indiquent presque toujours le manque d'équilibre des facultés, le désordre de la raison. La force passionnelle est proportionnée à l'élévation, à la pureté du sentiment qui la produit; elle est dans l'inaltérable confiance, dans la fidélité des affections profondes, dans l'ordre, dans la persévérance, dans le calme dévouement des belles vies.

Au-dessus de la région des orages, des funestes conflits qu'engendrent nos erreurs, notre égoïsme, nos convoitises, nos haines; loin des tempêtes que le mal soulève, brille, sur les cimes sereines, la pure lumière que les génies, les sages, les justes, ont répandue sur le monde. Par eux surtout nous vivons, nous aimons, nous espérons, nous avançons vers le bien, vers l'avenir meilleur, vers le libre développement des forces morales.

« Le monde appartient, disait récemment un de nos éminents professeurs [*], non pas à ceux qui le

[*] M. Saint-Marc Girardin.

contraignent, mais à ceux qui le servent et qui l'aiment. Il prête à ses dominateurs, par la contrainte, des minutes d'obéissance qu'ils appellent leurs règnes; à ses consolateurs, il donne son âme, et il n'y a vraiment de règne que sur les âmes. »

De nouvelles luttes, nécessaires peut-être pour nous affranchir sans retour des iniques dominations du passé, nous séparent sans doute encore des grandes époques de paix et de calme qui commenceront l'âge de l'humanité. Mais déjà nous avons conscience de cette commune destinée, nous bénissons le merveilleux progrès des sciences et de l'industrie qui chaque jour nous en rapproche, et qui prépare le règne futur de la concorde, le règne de la justice et de la liberté.

C'est vers cette liberté, vers l'universelle domination de l'esprit, que toutes choses tendent. « L'âme de la liberté, dit Klopstock, est l'amour des lois. » Non, sans doute, les lois arbitraires qui dans les sociétés barbares émanent du despotisme ou naissent de l'anarchie, mais les lois divines de l'univers, les nombres mystérieux (29), l'ordre magnifique qui nous révèlent la Raison suprême;

et ces lois sacrées de la justice que la conscience
dicte, que la raison promulgue, et sur lesquelles
se fonderont la paix sociale, la fraternelle alliance
des peuples (30), délivrés par elles de la guerre,
de l'ignorance, des superstitions, et par elles unis
dans une même foi, dans une même science (31),
dans une même certitude de la Sagesse et de la
Bonté du souverain Être.

FIN

20

ADDITIONS

Nous avons dû placer ici en note les documents suivants survenus pendant l'impression.

(A) Extrait d'une communication faite à l'Académie par M. MARIÉ-DAVY chargé du service météorologique à l'Observatoire impérial :

« L'équinoxe d'automne a été marqué par de fréquentes perturbations atmosphériques.

» Depuis notre dernière communication à l'Institut, le 17 août, nous pouvons compter jusqu'à six tempêtes successives et distinctes, séparées par un intervalle de quelques jours d'un calme plus ou moins complet. Toutes ces tempêtes ont présenté des caractères communs dans leur mode d'apparition et dans leur marche.

» Nous voyons leurs premiers symptômes se manifester plusieurs jours à l'avance sur les côtes occidentales de l'Europe par l'inflexion des courbes d'égale pression barométrique ; puis le vent monte plus ou moins rapidement sur les côtes nord-ouest de France et d'Angleterre, en affectant une tendance très-marquée à tourner autour d'un centre de dépression qui forme le centre de la tempête. Le centre lui-même se déplace, tantôt d'une manière régulière et progressive de l'ouest à l'est, en s'élevant d'abord vers le nord pour redescendre ensuite vers le sud après avoir franchi l'Angleterre, tantôt au contraire avec quelques hésitations qui semblent le ramener momentanément en arrière.

» L'étude de ces perturbations offre un grand intérêt, soit au point de vue purement scientifique soit au point de vue des probabilités qu'on en peut tirer relativement aux points menacés par une tempête qui se prépare ou qui a déjà commencé à sévir. Cette étude est régulièrement suivie à l'Observatoire impérial de Paris au moyen de nos cartes ; mais jusqu'à présent ces cartes étaient restées manuscrites : nous avons pensé faire une chose agréable et utile aux météorologistes en les insérant dans le Bulletin quotidien de l'Observatoire....

» L'examen de nos cartes météorologiques montre que généralement il est possible de pressentir, vingt-quatre ou quarante-huit heures à l'avance, l'arrivée sur nos côtes d'une tempête un peu durable. Nous ne les considérons toutefois que comme une première ébauche, bonne pour nous guider dans l'établissement des probabilités du lendemain ou du surlendemain. Trop souvent nos renseignements nous arrivent trop tard ou incomplets. Toutefois, depuis aujourd'hui lundi 12 octobre, les documents qui nous parviennent d'Angleterre ont reçu de l'amiral Fitz Roy, un très-utile complément par l'adjonction de Nairn et de Greencastle.

» L'incontestable utilité que ce genre de travail peut présenter pour la météorologie nous fait vivement désirer de l'étendre sur une plus large base. Si nos cartes peuvent nous faire pressentir une tempête et nous permettent de la suivre dans sa course à travers l'Europe, elles ne nous indiquent rien ou presque rien sur leur lieu d'origine et sur leur mode de formation, et cependant c'est là un des éléments essentiels, non-seulement de la science, mais de ses applications. Nous attacherons la plus grande importance à la construction de cartes journalières s'étendant à tout l'hémisphère nord, fallût-il une année pour réunir les éléments de chacune d'elles. Au milieu de l'incessante mobilité des phénomènes atmosphériques, il est très-certainement de grandes lois générales qu'il importe d'en dégager et qu'on peut aller rechercher dans les années antérieures. Les principales de ces cartes pourraient être publiées par la voie de notre Bulletin, dans la forme adoptée par les cartes du jour. »

(B) Extrait du *Courrier des sciences et de l'industrie*, publié sous la direction de M. Victor MEUNIER :

« Notre correspondant de Beaune, M. Moïse Lion, nous écrit de cette ville, en date du 30 octobre 1863 :

« M. de Cissey, désirant munir son château, à Cissey, d'un paratonnerre efficace, a prié M. Perrot, ingénieur civil, à Paris, dont vous connaissez les travaux et les communications, à l'Académie des sciences, sur les paratonnerres à pointes multiples, de vouloir bien présider à la construction et à l'érection de l'appareil. M. Perrot s'empressa de se rendre à ce désir, et depuis quelques mois le château de Cissey est couronné d'une gerbe de roseaux métalliques très-gracieuse, qui semble implantée dans un colossal vase à fleurs, et qui se balance au moindre souffle d'air, tout en résistant aux vents les plus violents. Cette

20.

touffe de feuilles symétriques et penchées dans toutes les directions, se relie à un conducteur unique construit d'après les données habituelles, et forme le *parafoudre*, qui, semblable à son aîné le paratonnerre, fait sa première apparition en Bourgogne, pour s'acclimater en France. Magnifique ornement d'habitation, le parafoudre paraît tenir plus qu'il ne promet et rendre les nuées orageuses tout à fait pacifiques, ce qui est son mérite solide. »

NOTES

I

(1) *Parfum de Borée. — L'encens.*

Borée glacial, dont le souffle horrible tourmente l'immensité des cieux, abandonne les montagnes neigeuses de la Thrace, écarte les nuages noirs qui couvrent le ciel, chasse bien loin les nuées qui engendrent la pluie ; toi, qui rassérènes l'immense éther.

Parfum de Notus. — L'encens.

Vents rapides, impétueux, aux pieds ailés, venez à nous, vous qui roulez précipitamment avec les immenses nuages; Jupiter vous confie cette portion de l'air pour que vous ameniez sur la terre les nuées qui enfantent la pluie. Versez vos flots bienfaisants sur la terre aride, je vous en prie par le sacrifice que je vous offre.

Parfum de Zéphyre. — L'encens.

Souffles charmants de Zéphyre, habitants du ciel, vous
qui glissez doucement sur les mers et nous consolez de
nos durs travaux ; vous qui exhalez une odeur agréable ;
vous qui faites germer et fleurir la terre ; souffles bien-
aimés des ports, vous qui ouvrez aux vaisseaux sur l'immensité des mers une route facile, je vous en supplie, res-
pirez doucement auprès de nous, souffles invisibles, aux
ailes légères, rapides, aériennes.

Orphée. — Hymnes traduites par M. E. Falconnet.

Les hymnes d'Orphée sont plutôt des prières que des
œuvres de poésie ; il est probable qu'elles se chantaient
dans les mystères sacrés, et qu'on présentait en même
temps le parfum qui s'adressait à chaque divinité.

———

II

(2) Les Grecs, avant cette expédition, ne connaissaient
que les bords de la mer Égée et les îles qu'elle renferme ;
leur marine, encore faible, ne leur permettait pas d'entreprendre de longs voyages. Ils n'osèrent, pendant longtemps, pénétrer dans le Pont-Euxin, qui portait alors le
nom d'*Axin* ou *Inhospitalier*, à cause de ses tempêtes et
des nations barbares qui en habitaient les côtes. Ce nom
fut ensuite changé en celui d'*Euxin* ou *Hospitalier*, lorsqu'ils commencèrent à fréquenter ces mers ; à peu près
comme le promontoire appelé d'abord cap des Tempêtes

fut ensuite appelé cap de Bonne-Espérance, peu avant la
découverte du passage des Indes, dans le xv⁰ siècle.

> Introduction au *Voyage des Argonautes* d'Apollodore,
> traduit par J.-J.-A. CAUSSIN.

Les migrations et le commerce sont les causes qui ont
le plus agi sur le développement des peuples qui, placés sur
les côtes de la Méditerranée, pouvaient se glorifier d'une
antique et brillante culture, c'est-à-dire les Égyptiens, les
Phéniciens, avec leurs colonies répandues dans le nord et
dans l'ouest de l'Afrique, et les Étrusques.

> HUMBOLDT. — *Cosmos.*

Dans l'antiquité voyager signifiait conquérir la terre au
profit de l'intelligence humaine. Les hommes le sentaient,
c'était une auguste mission, l'initiation des âmes d'élite.
Aussi, le voyageur était-il un être sacré pour les populations, qui saluaient son arrivée avec respect et qui venaient
chercher auprès de lui des nouvelles de l'humanité.

> GEORGE SAND.

IV

(3) Les navires auxquels Colomb confiait son entreprise
étaient trois pauvres caravelles à peine pontées. Dès les
premiers jours, le gouvernail de la *Pinta* se détache ; elle
était si mal gréée, qu'on soupçonna la mauvaise foi des
armateurs. Les équipages étaient novices. Mais si les garanties matérielles avaient été négligées, il n'avait oublié
aucune de celles qui tiennent à l'âme. Il s'était armé de

toutes les puissances morales de la terre, depuis les visions
de Joachim de Calabre jusqu'à la science de Toscanelli... Il
renferme en lui deux hommes opposés, celui du moyen
âge et celui de la renaissance. Il croit, avec la ferveur de
l'époque de Dante ; il pense avec la lucidité de l'époque de
Galilée.

. . . Le génie de l'humanité respire tout entier librement dans certaines paroles de Christophe Colomb.

. . . Du pressentiment de l'esprit universel dans le
genre humain, il fait jaillir le Verbe, qui doit, en quelque
sorte, créer le Nouveau Monde.

Rassemblant les visions, les songes mêmes, les oracles
de tous les peuples (« je dis que l'Esprit-Saint agit dans
les Chrétiens, les Juifs, les Maures, et dans tous autres de
toutes religions » *Carta del Almirante*), il en compose un
ouvrage qu'il appelle le *Livre des Prophéties;* il le dédie à
Ferdinand et Isabelle. Pour s'approprier davantage l'esprit
divinateur des prophètes, il entreprend de les mettre en
vers. Étranges poëmes que ces rudes stances balbutiées
par une langue accoutumée à parler aux tempêtes. On a
publié les moindres pièces diplomatiques où son nom est
prononcé; et l'ouvrage où il s'inspirait, se fortifiait mora-
lement, dans lequel il évoquait comme d'un trépied l'esprit des découvertes, est encore en manuscrit dans la bibliothèque de Séville.

... Suivez sur la carte la trace de son premier voyage ;
la sublimité, c'est qu'il n'y a pas un moment d'hésitation.
Une ligne tracée à l'équerre, ou une flèche lancée, ne
suivrait pas une direction plus inflexible que le sillage de
son vaisseau; le pilote aperçoit Dieu lui-même, assis sur
l'autre rive, au bout de l'horizon.

... Rien n'égale l'effet de ces mots écrits chaque soir
dans son journal de bord :

Mardi. Il navigua ce jour-là à l'ouest, qui était sa route ; la mer calme et bonne comme dans la rivière de Séville, l'air des matinées délicieux ; il ne manquait que les rossignols. L'amiral dit : « Grâces soient rendues à Dieu ! »

EDGAR QUINET. *Révolutions d'Italie.*

---

(4) « Questo capo, dit Cadamosto, fù sempre il termine, dovè non si trovava alcuno, che più oltra si fosse passato, mai tornasse, in tanto chi'l diceva capo di *Non*, cioè chi'l passa non torna. »

---

(5) La plus ancienne mention du prêtre Jean se trouve dans un historien du xiie siècle, qui avait pris ses renseignements en Syrie. Les voyages de Carpini, de Rubruquis, de Marco-Polo, leurs récits, inspirés par les nombreuses analogies des religions de l'Inde avec le christianisme, furent le point de départ des recherches qui, durant tout le moyen âge, eurent pour but une alliance avec le monarque chrétien de l'Asie centrale. L'immense étendue qu'on donnait à ses États, et le peu d'exactitude des notions géographiques, permirent à chaque grand voyageur de poursuivre le même rêve, la rencontre du roi-pontife des Indes, l'unité religieuse de l'Orient et de l'Occident. — Ce religieux espoir ouvre le monde moderne. Faible encore, même dans la puissante inspiration de Colomb, il a grandi de jour en jour, et règne maintenant dans les plus généreux esprits, qu'il remplit de paix et de lumière :

« ... Le prêtre Jean, d'une voix qui retentissait jusque dans le moindre recoin du désert, prononçait la prière suivante : — « Dieu qui te plais au bord du Gange, parmi les » troupeaux de vaches rousses attelées au char de l'Aurore ;

» toi qui jaillis dans le feu sacré que vient d'allumer le
» Parsis errant près des sources de naphte ; soit qu'au
» sortir du désert tu te bâtisses ton temple choisi des
» pierres blanches de Sion, soit que tu aimes mieux te re-
» poser dans l'ombre rafraîchissante des cathédrales, ou
» que tu te complaises à faire la veillée sur la tour des
» mosquées, au milieu des anges armés de flèches d'or ;
» soit que tu aies été allaité par la vierge bleue dans le
» désert de Cobi, ou par la vierge de Judée, dans la crèche
» de Nazareth, donne-nous la paix, la lumière, la con-
» corde et l'amour !

   » — *Amen !* » répondait la foule.

   « ... Comment avez-vous pu établir cette paix ? demandait chaque matin Merlin au prêtre Jean.

   » — A force de patience, mon fils, répondait le vieillard. »

EDGARD QUINET. Merlin l'enchanteur.

   ... Ce n'était pas seulement la société de Federal-Street
qui pleurait la perte d'un éloquent et pieux pasteur ; ce
n'était pas seulement la ville de Boston qui regrettait un
de ses plus nobles ornements : c'était l'Amérique entière
qui déplorait la perte d'un citoyen généreux et éclairé ; et
lorsque, au sortir de l'enceinte sacrée, on entendit tout à
coup résonner la cloche funèbre de la cathédrale des ca-
tholiques, en l'honneur de celui qui avait si bien compris
et aimé leur évêque Cheverus, tous sentirent que Channing n'était d'aucune secte, d'aucune communauté, mais
que son vœu le plus ardent était réalisé, et qu'il apparte-
nait seulement à l'Église universelle du Christ.

CHANNING, (sa vie et ses œuvres, avec une
préface de M. CHARLES DE RÉMUSAT.
Paris, 1857.)

Nous aimons à signaler les faits de tolérance et de fraternité religieuse, les exemples d'estime et d'affection réciproque que se donnent, dans certaines circonstances, les hommes éclairés de cultes différents. Un fait de ce genre vient de se passer à nos portes, dans la Bavière rhénane, et il mérite d'être connu.

Il y a quelques jours, est décédée, à Edenkoben, une jeune fille de vingt ans, du culte israélite, Mathilde Bloch, la veille du jour où elle devait se marier. Son père est un commerçant qui jouit de l'estime générale. Aussi a-t-on vu une grande partie de la population s'associer au cortége funèbre. Les cloches de l'église protestante ont sonné pendant que le convoi était en marche ; les deux ministres protestants et le ministre du culte catholique suivaient le cercueil avec le rabbin israélite, qui a prononcé un discours sur la tombe.

La population des divers cultes a vu avec satisfaction cette preuve publique des sentiments de fraternité qui animent, à Edenkoben, les ministres des trois cultes, et elle est heureuse que, de son sein, soient bannies ces jalousies, ces rivalités religieuses, qui n'ont rien de réellement religieux, et sont le produit des passions humaines.

Courrier du Bas-Rhin. — Mai 1863.

---

(6) Né à Paris, en 1731, Anquetil Duperron avait, dès sa jeunesse, étudié par prédilection les langues orientales. La vue de quelques feuillets en langue zende faisant partie de l'un des livres sacrés des Parses, le *Vendidad-Sadé*, lui révéla sa vocation. Il prit dès lors la résolution d'aller trouver dans l'Inde les sectateurs de Zoroastre, et de faire connaître un jour leurs doctrines à l'Europe.

Une expédition préparée par la Compagnie des Indes

françaises lui donna bientôt les moyens d'entreprendre son lointain et périlleux voyage. Il s'engagea au service de la Compagnie, et partit en qualité de soldat, le sac sur le dos, se donnant lui-même le titre touchant de *missionnaire de la littérature indienne*. Ce rare dévouement, bientôt connu, lui fit obtenir du ministre une pension de cinq cents livres, et la Compagnie, en lui rendant son engagement, lui accorda le passage sur un de ses vaisseaux.

Débarqué à Pondichéry, il y apprit en peu de temps à parler le persan, et se rendit ensuite à Chandernagor pour étudier le sanscrit. Mais il n'y trouva pas les facilités d'étude sur lesquelles il comptait, et, la guerre s'étant déclarée entre la France et l'Angleterre, il voulut, après la prise de Chandernagor, retourner à Pondichéry, et entreprit de s'y rendre seul, par terre. Il a donné lui-même, avec sa traduction du *Zend-Avesta*, la relation de cet aventureux voyage de quatre cents lieues à travers des contrées inconnues et souvent pleines de périls. Peu après son retour à Pondichéry, il s'embarqua pour Surate avec un de ses frères employé dans le commerce de l'Inde. Ce fut là qu'il parvint à se rapprocher des prêtres Parses, et à obtenir d'eux la communication de leurs livres sacrés. Il quitta l'Inde en 1761, rapportant avec lui quatre-vingts manuscrits en langue zende.

« J'avais passé, dit-il, près de huit ans hors de ma patrie ; je revenais plus pauvre que lorsque j'étais parti, ma légitime ayant suppléé, dans l'Inde, à la modicité de mes appointements ; mais j'étais riche en monuments rares et anciens, en connaissances que ma jeunesse (j'avais à peine trente ans) me donnait le temps de rédiger à loisir, et c'était toute la fortune que j'avais été chercher dans l'Inde. »

En 1774, il publia, en trois volumes in-4°, la traduction

du *Zend-Avesta*, et, en 1802, une traduction des *Védas*, les plus anciens des livres sacrés de l'Inde. Cette seconde publication est ainsi dédiée aux brahmanes :

« ..... Vous ne dédaignerez pas les écrits d'un homme qui vous est si redevable, ô hommes sages! Écoutez, je vous en prie, quelle est ma manière de vivre. Ma nourriture quotidienne consiste en pain sec, un peu de lait ou de fromage, et de l'eau de puits; le tout valant seulement quatre sols de France, ou le douzième d'une roupie indienne. Je vis sans feu en hiver, je couche sur un lit sans matelas... Je subsiste uniquement de mes travaux littéraires, sans revenus, sans traitement, sans place, assez sain et assez vigoureux pour mon âge, et eu égard à mes anciennes fatigues. Je n'ai ni femme, ni enfant, ni domestique : privé de ces biens, je suis, en récompense, exempt de leurs liens; seul, absolument libre, je n'ai cependant point d'indifférence pour les hommes; mais je me sens surtout une sincère affection pour les gens de probité. Dans cet état, faisant une rude guerre à mes sens, je triomphe des attraits du monde, ou je les méprise, aspirant avec ardeur et des efforts continuels vers l'Être suprême et parfait : peu éloigné du but, j'attends avec calme la dissolution de mon corps... »

Nous avons cru devoir ainsi résumer, d'après l'intéressant travail de M. G. Pauthier, la noble vie de ce dévoué savant, dont les pacifiques conquêtes ont exercé une si heureuse influence sur le développement de la philosophie cligieuse.

———

(7) Dans les notes de sa belle étude sur la *Réforme* (Histoire de France au xvi⁰ siècle), M. Michelet, rappelant les renseignements d'un illustre orientaliste, s'exprime ainsi :

« Que de fois je les recueillis (dans cette heureuse ami-

tié de trente ans!) de la bouche aimable et chère, autant
que grave, d'Eugène Burnouf!... Oui, chère et regrettable
à jamais. Je passe tous les jours, le cœur plein d'amers re-
grets, devant cette maison où tous nous prîmes le *lotus de
la bonne loi*; devant ce savant cabinet si bien éclairé, so-
leillé, où, dans les jours d'hiver nous réchauffions notre
pâle science occidentale à son soleil indien. L'émanation
régulière des langues, exactement la même en Asie, en
Europe; la génération correspondante des religions et non
moins symétrique, c'était son texte favori et mon ravisse-
ment.

» Voilà ce que j'ai emporté de cette maison : sa lumière
(qui est ma chaleur), sa parole limpide, où je voyais si
bien naître d'Orient, d'Occident, le miracle unique des
deux Évangiles. Touchante identité! deux mondes séparés
si longtemps dans leur mutuelle ignorance, et se retrou-
vant tout à coup pour sentir qu'ils sont un, comme deux
poumons dans la poitrine ou deux lobes d'un même
cœur !

Mot sacré de la renaissance! Là, je l'ai bien senti!
l'unité de l'âme humaine, la paix des religions, la réconci-
liation de l'homme avec l'homme et leur embrassement
fraternel. »

IX

(8) Le mot *ouragan* paraît avoir été primitivement un
mot caraïbe ou indien. Dans la relation sommaire de l'histoire naturelle des Indes, adressée à l'empereur Charles V
par le capitaine Fernando de Oviedo, l'auteur dit, en parlant des superstitions des Indiens de la terre ferme, proba-

blement vers le Yucatan : « Quand le démon veut les ter-
rifier, il leur promet le *Hurracan*, ce qui veut dire tempête ;
il se lève si violemment qu'il renverse les maisons et arrache beaucoup d'arbres ; j'ai vu des forêts profondes entièrement détruites sur l'espace d'une demi-lieue en longueur et d'un quart de lieue-en largeur ; tous les arbres,
grands et petits, étaient déracinés. C'était un spectacle si
terrible à voir qu'il paraissait être sans nul doute l'ouvrage
du diable ; on ne pouvait le considérer sans terreur. »

(9) On a récemment établi sur les dangereux attérages
de Calais des bouées qui, bientôt sans doute, seront multipliées, et qui, par leur ingénieux système d'installation,
rendront de très grands services aux navigateurs. Nous
empruntons la description suivante à l'*Almanach de Calais*
de 1863 :

« La bouée qui fonctionne maintenant sur le banc de
roche sous-marine appelé *les Quénocs*, situé à un mille et
demi environ au N.-O. du Blanc-Nez, et à deux milles dans
l'ouest de Sangatte, est maintenue au fond par une griffe
suspendue à une chaîne et pesant 3,000 kilogrammes au
moins. Elle est surmontée d'une glace à trois faces, placée
au-dessus de trois ailes en fonte, que le vent peut mettre
en mouvement sur leur axe. Au-dessous se trouve fixée
une cloche ayant non-seulement un battant inférieur muni
d'une triple tête, mais en ayant encore autour d'elle trois
extérieurs, tellement mobiles qu'ils sont mis en mouvement au moindre balancement de la bouée dans un sens
quelconque. Ce n'est pas tout : la bouée est disposée en
plate-forme au-dessous de la cloche, et garnie de fortes
poignées facilement saisissables. On le comprendra sans
peine quand on saura que, dans sa plus grande circonférence, elle a 8m05 et 2m25 environ de diamètre à sa plate-

forme. Un large bourrelet, qui se trouve au-dessus de sa flottaison, lui forme une véritable banquette circulaire. Elle est ainsi chargée de remplir trois missions de salut : elle indique l'écueil, le jour, par sa glace triangulaire et par le son de sa cloche ; la nuit, par sa cloche seulement, ce qui suffit encore, et elle offre aux naufragés un accès facile. »

Le même almanach donne la description du nouveau phare établi récemment sur le dangereux écueil de la pointe de Walde, et qui repose sur une charpente composée de pieux en fer enfoncés dans le sable à une profondeur de 4m50, à l'aide de l'hélice, faisant fonction de pas de vis, dont leur extrémité est munie.

Nous emprunterons encore un fait curieux à la partie de cette intéressante notice qui donne quelques détails sur le phare de première classe de Calais : « Un grillage en fil de fer préserve à l'extérieur la cage en cristal où fonctionne l'appareil de l'éclairage. Il arrive assez souvent que, la nuit, en temps de pluie et de vent surtout, des oiseaux de passage, chassés par la tempête, effarés, éblouis par l'éclatant foyer, viennent se heurter contre le grillage, et sont ramassés par le gardien, soit engagés dans les mailles de fer, soit tombés sur le chemin de ronde de la galerie. Un cygne blanc magnifique est ainsi resté la propriété du musée ornithologique du phare. Son vol était si emporté que non-seulement il passa à travers le treillis de fer, mais encore brisa l'une des glaces de la lanterne.

» A l'approche de la tempête, les oiseaux de mer viennent aussi tournoyer, en jetant leur cri sinistre et alarmé, dans la large nappe de lumière projetée au loin par les éclats du phare... »

Tous les principaux atterrages de notre littoral sont maintenant signalés par de grands phares, où l'appareil lenti-

culaire de Fresnel a remplacé les anciens réflecteurs métalliques. Les diverses puissances maritimes ont adopté le
même mode d'éclairage, et ont aussi multiplié les phares
sur toute l'étendue de leurs côtes.

Une décision ministérielle, en date du 14 juillet 1863,
ordonne, à titre d'essai, l'application de la lumière électrique à l'éclairage d'un des phares de premier ordre, celui
du cap la Hève, près du Hâvre *.

Quelques-unes des plus touchantes pages de M. Michelet, *la Mer*, sont consacrées aux phares :

« ... C'est un grand appui moral de se dire dans le danger suprême : « Persiste! encore un effort!... Si le vent, la
» mer, sont contre, tu n'es pas seul; l'humanité est là
» qui veille pour toi. »

» Les anciens, qui suivaient les côtes et les regardaient
sans cesse, avaient encore plus que nous besoin de les
éclairer. Les Étrusques, dit-on, commencèrent à entrete-
nir des feux de nuit sur les pierres sacrées. Le phare était
un autel, un temple, une colonne, une tour. »

«... Beaux et nobles monuments, parfois sublimes aux
yeux de l'art, et toujours touchants pour le cœur. Leurs
feux de toutes couleurs, où se retrouvent l'or, l'argent des
étoiles, offrent un firmament secourable qu'une Providence
humaine a organisé sur la terre. Lorsque nul astre ne paraît, le marin voit encore ceux-ci, et reprend courage, en
y revoyant son étoile, l'étoile de la Fraternité. »

---

(10) M. Conseil, ancien capitaine de port, vient de pu-
blier un excellent *Guide pratique du sauvetage* *, dans le-

---

* Cette décision a été prise conformément aux conclusions
d'un rapport rédigé par M. L. Reynaud, directeur du service
des phares.

* Arthus Bertrand, éditeur. — Paris, 1863.

quel sont décrits les divers bateaux employés. Nous avons
vu récemment une ingénieuse innovation due aux recherches d'un simple ouvrier employé à l'arsenal de Toulon.

M. Conseil résume aussi l'histoire des *Sociétés humaines,*
et donne une exposition générale des inventions qui ont
pour but de préserver la vie des naufragés. La *Société internationale des naufrages* avait déjà publié un Traité
semblable, par M. Godde de Liancourt.

Grâce à ces travaux et à l'initiative prise par le gouvernement, le nombre des postes de sauvetage établis sur les
points dangereux du littoral tend chaque jour à augmenter.

(11) S'il m'est permis de m'arrêter ici à des souvenirs
personnels, je dirai qu'au nombre des témoignages les
plus honorables de la vie utile et laborieuse de mon père,
capitaine de port à Calais, je garde l'attestation de ses
services et de son dévouement comme président de la
Société de sauvetage, sur une côte où les sinistres sont si
fréquents. (E. M.)

XI

(12) Nous avons fait connaître dans les *Phénomènes de
la mer* l'origine et le but de cette puissante association,
qui a déjà rendu d'immenses services aux navigateurs, non-
seulement en traçant de nouvelles routes sur l'Océan, mais
encore en créant, suivant l'opinion de Humboldt, deux
nouvelles branches très-importantes de la science : la
Géographie physique et la Météorologie de la mer. — La
construction des Cartes, à l'observatoire de Washington,
est maintenant dirigée par le commandant Gilliss, auteur

de travaux importants sur la météorologie et le magnétisme terrestre.

XII

(13) Toutes les puissances maritimes coopèrent à notre œuvre, et leurs navigateurs, militaires ou marchands,
nous apportent le concours de leurs observations ; quelques-
unes même ont été plus loin, et ont organisé chez elles une
centralisation indépendante pour les données recueillies
par leurs marins ; ce sont l'Espagne, le Portugal, la Hollande, l'Angleterre, la France, la Russie, la Prusse, le
Danemark, la Suède et la Norwége.

Les nations dont la coopération nous est acquise,
possèdent 124,500 navires. Peut-être, il est vrai, ne
compte-t-on pas plus du dixième de cette navigation qui
se fasse au long cours, ou dans des conditions telles que
ses observations puissent nous servir ; peut-être, qui plus
est, la moitié seulement de ce dixième est-elle en état de
coopérer à nos travaux ; toutefois, même ainsi réduite, la
flotte que nous pouvons espérer voir avant peu d'années au
service de l'œuvre n'en est pas moins importante, et certainement de beaucoup la plus considérable qui ait jamais
été réunie pour la réalisation d'aucun plan.

MAURY. — *Instructions nautiques.*

(14) ... Ne nous arrêtons donc pas plus dans la possession de la nature vivante, qu'à côté de nous les géolo-
gues, les physiciens, les chimistes, les industriels, dans
celle, si ardemment poursuivie, de la nature inanimée.
L'industrie aussi est riche ; son empire est immense déjà :

21.

la voyons-nous moins empressée à en reculer les limites ?
à explorer le globe sur toute sa surface et jusque dans ses
plus secrètes profondeurs ? Non, plus elle en a obtenu,
plus elle lui demande, et plus elle en obtient; car elle a
maintenant contre lui toutes les ressources dont l'ont ar-
mée ses victoires antérieures : tous ces métaux, toutes ces
roches, tous ces combustibles, qu'elle s'est successivement
appropriés ; toutes ces forces qu'elle a su faire jaillir de la
combinaison de ces éléments et du jeu réciproque de ces
corps ; toutes ces merveilles par lesquelles le génie des
Watt, des Volta, des Œrsted, des Ampère et de leurs
successeurs, semble avoir pris à tâche de réaliser tous les
rêves de nos pères, toutes les fictions de l'Orient ! Rien
n'est impossible à la nature, disait Pline. Rien n'est impossible à la science, mot d'Arago, il y a vingt ans, et de
nous tous, depuis que nous voyons tout ce que l'illustre
physicien commençait à voir ou ce qu'il pressentait.

Is. GEOFFROY-SAINT-HILAIRE. — *Discours d'ouverture à la première séance publique annuelle de la
Société d'Acclimatation.*

XIII

(15) Les brillantes découvertes de Faraday sur la direction paramagnétique, c'est-à-dire dans le sens de l'axe
de la terre, et diamagnétique, c'est-à-dire parallèle à l'é-
quateur, que prennent les corps oscillant librement, sous
l'influence extérieure de l'aimant, l'ont conduit à constater
la remarquable propriété qu'a l'oxygène, le seul gaz paramagnétique, d'exercer sur les éléments du magnétisme
terrestre une telle influence que, comme le fer doux,

quoique à un degré infiniment plus faible, il emprunte à la vertu communicative de la terre la polarité d'un aimant, agissant d'une manière permanente et réciproque. — L'oxygène qui enveloppe la terre peut être comparé à une armure de fer doux adaptée à un aimant naturel ou à un morceau de fer aimanté, en supposant à cet aimant naturel ou artificiel la forme sphérique de la terre, et à l'armature la forme d'une sphère creuse, telle que celle de l'enveloppe atmosphérique. La limite jusqu'à laquelle chaque molécule d'oxygène peut être magnétisée par la force constante de la terre s'abaisse avec la température, et à mesure que l'oxygène se raréfie. Comme un accroissement de température et de dilatation suit constamment le mouvement que le soleil semble accomplir de l'est à l'ouest autour de la terre, il en résulte naturellement des modifications dans les relations magnétiques de la terre et de l'oxygène qui l'enveloppe, et c'est là, suivant Faraday, la source d'une partie des variations par lesquelles passent les éléments du magnétisme terrestre.

HUMBOLDT. — *Cosmos.*

Les modifications que la théorie prévoit *à priori* ont été trouvées en parfait accord avec les observations recueillies depuis longtemps. Un de nos éminents physiciens français, M. Ed. Becquerel, faisant en même temps que Faraday des recherches sur le magnétisme des gaz, fut conduit à de semblables résultats par une méthode d'expérimentation différente. Au lieu d'enfermer les gaz dans des boules de verre, il les fit absorber par de petits cylindres de charbon, corps doué de la propriété de condenser les substances gazeuses en forte proportion. Il montra ainsi qu'un barreau de charbon pénétré d'oxygène oscille comme un aimant, et qu'au contraire, avec de l'acide car-

bonique ou du protoxyde d'azote, ce barreau prend une
position diamétralement opp·sée. Suivant son mémoire
« l'oxygène est un gaz dont la puissance magnétique, par
rapport aux autres gaz, se trouve exagérée, comme celle
du fer par rapport aux autres solides.... A poids égal, ce
gaz est attiré deux fois et demie autant qu'une dissolution
concentrée de protochlorure de fer.... Un mètre cube
d'oxygène agirait sur une aiguille aimantée comme un petit cube de fer du poids de 5 décigrammes.... Un mètre
cube d'air a une force représentée par un centigramme de
fer. » « Si l'on réfléchit, ajoute M. Becquerel, que la terre
est entourée d'une masse d'air équivalant au poids d'une
couche de mercure de 76 centimètres, dont la puissance
magnétique équivaut à celle d'une immense lame de fer
d'un peu plus d'un dixième de millimètre d'épaisseur, on
peut se demander si une pareille masse, continuellement
agitée et soumise à des variations régulières et irrégulières
de pression et de température, n'intervient pas dans les
phénomènes dépendants du magnétisme terrestre, et peut-
être dans les variations diurnes de l'aiguille aimantée. »

XIV

(16) Dans un mémoire plus récent, le savant directeur
de l'Observatoire romain a passé en revue les diverses objections qui lui ont été faites par M. J. A. Brown, relativement aux rapports qui existent entre les variations météorologiques et les perturbations magnétiques. La réalité
de la connexion signalée entre ces perturbations, la direction du vent et les tempêtes, sera l'objet d'un prochain
travail du P. Secchi, dans lequel de nouvelles observa-

tions démontreront la dépendance des deux ordres de phénomènes.

L'Observatoire impérial de Paris donne d'ailleurs maintenant, dans ses bulletins, les valeurs des éléments magnétiques du globe, dont les variations pourront ainsi être
comparées aux variations météorologiques.

(17) La publication du grand ouvrage de Hansteen,
Magnetismus der Erde, en 1819, avait contribué à relever
les études magnétiques, dont l'importance s'est d'ailleurs
beaucoup accrue par la série de belles observations dues
aux nombreuses expéditions maritimes entreprises, de 1817
à 1851, par les gouvernements de France et d'Angleterre.
Mais c'est aux brillants travaux de l'association magnétique, fondée à Gœttingue, par Frédéric Gauss, que l'on
doit l'élan général donné à l'étude du magnétisme terrestre, et, par suite, l'établissement d'un grand nombre de
stations fixes, répandues dans les deux hémisphères :
« Ces observations, dit Humboldt (qui prit une part si
active à leur fondation), à la fois magnétiques et météorologiques, forment comme un réseau à la sur face de la terre.
Grâce à une combinaison intelligente des observations publiées aux frais de l'État en Russie et en Angleterre, on a
obtenu des résultats importants et inattendus. Un point
qui devrait être le commencement et non la fin de toute
recherche, à savoir, que telle ou telle force de la nature
agit conformément à une loi, a été déjà suffisamment établi
dans plusieurs phases distinctes du magnétisme terrestre.
Ce que l'on a pu découvrir jusqu'ici des rapports du magnétisme avec l'électricité en mouvement, la chaleur rayon-
nante et la lumière, ce que l'on sait des phénomènes tar-
divement observés du diamagnétisme, et de la propriété
spéciale que possède l'oxygène atmosphérique d'acquérir

la polarité, nous ouvre du moins la perspective encourageante de pouvoir un jour envisager de plus près la nature même de la force magnétique. »

HUMBOLDT. — *Cosmos.*

(18) Nous devons envisager l'état présent de l'univers comme l'effet de son état antérieur, et comme la cause de celui qui va suivre. Une intelligence qui, pour un instant donné, connaîtrait toutes les forces dont la nature est animée et la situation respective des êtres qui la composent, si d'ailleurs elle était assez vaste pour soumettre ces données à l'analyse, embrasserait dans la même formule les mouvements des plus grands corps de l'univers, et ceux du plus léger atome ; rien ne serait incertain pour elle, et l'avenir comme le passé serait présent à ses yeux. L'esprit humain offre dans la perfection qu'il a su donner à l'astronomie une faible esquisse de cette intelligence. En appliquant la même méthode à quelques autres objets de nos connaissances, il est parvenu à ramener à des lois générales les phénomènes observés, et à prévoir ceux que des circonstances données devaient faire éclore.

LAPLACE. — *Essai sur les probabilités.*

(19) Il est reconnu que, par un temps couvert, les courants ascendants artificiels favorisent la chute de la pluie. Or, les cheminées des usines, lorsqu'elles sont devenues très-nombreuses, créent de pareils courants formés d'air chaud, qui acquièrent une influence réelle. Il nous paraît vraisemblable que, depuis la multiplication des machines à vapeur et des fourneaux, les pluies sont plus fréquentes dans les cantons de Mons et de Charleroi. Le même effet se remarque, dans les Alpes, lorsqu'on y établit sur une

grande échelle la carbonisation du bois. A Manchester, le principal centre des filatures, et l'une des villes qui renferment le plus de machines à vapeur, il ne se passe presque plus un seul jour sans qu'il tombe de la pluie.

J.-C. Houzeau. — *Règles de climatologie.*

En réfléchissant à l'action capitale de la chaleur et de l'électricité sur les courants de l'atmosphère, et à ce que, dans l'état présent, il n'y a que les rayonnements du soleil qui y aient de l'influence, on devra sentir qu'ils ne sont peut-être pas aussi absolument indépendants de nous que les phénomènes qui tiennent à la gravitation. Il suffirait, en effet, que l'homme devînt capable de faire jouer de quelque manière les rayonnements du noyau central de sa planète, pour susciter au soleil, au moins dans l'atmosphère, une puissance capable de le troubler dans sa domination absolue, et pour causer par conséquent une révolution dans l'ordre actuel des vents et des nuages. Mais ces mêmes réflexions doivent nous convaincre aussi que c'est seulement à la condition de manier à son gré une arme aussi prodigieuse que la chaleur enfermée dans les entrailles du globe, que l'homme pourra jamais se flatter de se faire maître dans ce domaine.

Jean Reynaud. — *Terre et Ciel.*

(20) La lumière n'exerce pas seulement sa bienfaisante action sur tous les phénomènes de la vie organique ; elle active aussi en nous la vie de l'esprit, et les anciens, dans leur ingénieux symbolisme, avaient fait d'Apollon le Dieu des arts et de l'éloquence. Peut-être n'est-ce pas uniquement au radieux aspect, à la beauté des régions que le soleil éclaire, à la douceur, à la sérénité du climat, qu'il

faut attribuer cette influence de la lumière sur nos pensées et nos sentiments. Il n'est pas impossible que l'illumination des astres soit, à un certain degré, en rapport avec la
vie des sociétés qui les habitent, et que nous recevions, avec
les rayons du soleil, la mystérieuse révélation de cette vie
supérieure. Peut-être même (les merveilleuses découvertes
de la science nous permettent ce rêve) arriverons-nous un
jour à découvrir dans le spectre solaire la preuve de
l'unité spirituelle des mondes, comme nous y avons déjà
découvert leur unité de composition matérielle.

XV

(21) Nom que portaient les patriciens, les membres de
la caste dominante et sacerdotale en Étrurie, gardiens des
doctrines de Tagès. Ce génie, sorti du sillon tracé par un
laboureur, avait la sagesse des vieillards, sous la figure
d'un enfant. On recueillit ses discours, qui furent le fon-
dement de la science des Aruspices.

L'Étrurie, par la civilisation romaine, a hâté la civilisation
de l'humanité tout entière, ou, du moins, elle lui a laissé
pour une longue suite de siècles l'empreinte de son caractère.

OTTFRIED MULLER. — *Les Étrusques.*

Un trait propre à la race étrusque, et qui mérite d'être
signalé d'une manière particulière, c'est la disposition à
se familiariser intimement avec certains phénomènes naturels. La divination, dont le soin était confié à la caste
sacerdotale, donnait l'occasion d'étudier les variations météorologiques de l'atmosphère. Les *Observateurs des éclairs*
(fulguratores) s'occupaient d'en rechercher la direction,

ainsi que les moyens de les attirer ou de les détourner. Ils
distinguaient soigneusement les éclairs qui partaient de la
haute région des nuages de ceux que Saturne, divinité de
la terre, lançait de bas en haut, et que l'on appelait *les
Éclairs terrestres de Saturne,* différence que la physique
moderne n'a pas jugée indigne d'une attention particulière.
Grâce à ces observations, on avait des renseignements
officiels et journaliers sur les orages. L'art exercé aussi
par les Étrusques de faire tomber la pluie *(aquæli-
cium)* ou de faire jaillir des sources cachées, supposait,
chez les *Aquiléges,* une étude approfondie de tous les indices naturels qui servent à reconnaître la stratification
des rochers et les inégalités du sol. Aussi Diodore loue-t-il
les Étrusques de se livrer curieusement à l'investigation
des lois de la nature. A cet éloge, nous ajouterons que la
puissante caste des prêtres de Tarquinies donna le rare
exemple d'encourager les sciences physiques.

HUMBOLDT. — Cosmos.

... Les Étrusques, quelle que soit leur origine, un des
peuples les plus précoces et les plus originaux qui aient
jamais été. Au lieu d'aspirer aux conquêtes, ils se sentaient
faits pour les établissements paisibles, les institutions
civiles, le commerce, les arts, la navigation, que favorisait surtout la disposition des rivages de l'Étrurie. Dans
presque toute l'Italie, jusqu'à la Campanie, ils fondèrent
des cités coloniales, propagèrent les arts, étendirent le
commerce, et c'est à eux qu'un grand nombre de villes les
plus célèbres de cette contrée doivent leur origine. Sans
souffrir aucune comparaison avec l'ordre social des Barbares, leur constitution civile, qui servit de modèle aux
Romains eux-mêmes, porte si évidemment l'empreinte du

caractère européen, qu'il est impossible de l'attribuer au génie de l'Afrique ou à celui de l'Asie.

> HERDER. — *Idées sur la philosophie de l'His-*
> *toire.* — Traduit par E. QUINET.

(22) ... Tendre et profond Virgile!... moi, qui ai été nourri par lui et comme sur ses genoux, je suis heureux que cette gloire unique lui revienne, la gloire de la pitié et de l'excellence du cœur... Ce paysan de Mantoue, avec sa timidité de vierge et ses longs cheveux rustiques, c'est pourtant, sans qu'il l'ait su, le vrai pontife et l'augure entre deux mondes, entre deux âges, à moitié chemin de l'histoire. Indien par sa tendresse pour la nature, chrétien par son amour de l'homme, il reconstitue, cet homme simple, dans son cœur immense, la belle cité universelle dont n'est exclu rien qui ait vie, tandis que chacun n'y veut faire entrer que les siens.

> J. MICHELET. — *Le Peuple.*

(23) La philosophie, c'est-à-dire la science de la nature, est écrite dans ce livre immense qui se tient continuellement ouvert devant nos yeux (je veux dire l'univers); mais il ne peut être compris si l'on n'en entend auparavant la langue, et si l'on ne connaît les caractères avec lesquels il est écrit. Il est écrit dans la langue mathématique, et les caractères sont les triangles, les cercles et les autres figures de la géométrie, sans lesquelles il est impossible d'en entendre humainement le langage.

> GALILÉE.

(24) La croyance gauloise, le Druidisme, dominant de haut les religions toutes terrestres de la Grèce et de

Rome, présente, au fond de l'Occident, un développement théologique et philosophique égal à celui des grandes religions de l'Orient, mais dans un esprit très-opposé au panthéisme indo-égyptien, et qui paraît n'avoir eu d'affinité morale qu'avec le *Mazdéisme* de Zoroastre. La lutte victorieuse de la liberté et de la volonté contre les puissances fatales, l'indestructible individualité humaine s'élevant progressivement du plus bas degré de l'être, par la *connaissance* et la *force*, jusqu'aux sommités infinies du ciel, sans jamais se confondre dans le Créateur : tels paraissent avoir été les fondements de la foi druidique et le secret de l'intrépidité et de l'indépendance gauloises.

HENRI MARTIN. — *Histoire de France.*

(25) Je dis, après Roger Bacon, qu'il y a magie et magie, et que la vraie magie, c'est l'empire que nous acquérons sur la nature au moyen de la science, si bien que la science finira par expliquer la magie.

PIERRE LEROUX. — *La grève de Samarez.*

(26) L'âme qui parle dans l'histoire est pour ainsi dire la mer qui porte l'âme personnelle, individuelle et libre, mer qui a ses tempêtes et ses calmes, ses courants et ses écueils. Notre liberté consiste à y chercher notre chemin en prenant pour phare et pour pôle les lumières idéales de l'esprit. Que le flot nous repousse ou qu'il nous favorise, que nous avancions ou que nous reculions, notre gloire n'est pas dans le succès, mais dans l'effort.

AUG. LAUGEL.

(27) Si tôt que j'ai eu acquis quelques notions générales touchant la physique, et que, commençant à les éprouver

en diverses difficultés particulières, j'ai remarqué jusques où elles peuvent conduire, et combien elles diffèrent des principes dont on s'est servi jusqu'à présent; j'ai cru que je ne pouvais les tenir cachées sans pécher grandement contre la loi qui nous oblige à procurer autant qu'il est en nous le bien général de tous les hommes; car elles m'ont fait voir qu'il est possible de parvenir à des connaissances qui soient fort utiles à la vie, et qu'au lieu de cette philosophie spéculative qu'on enseigne dans les écoles, on en peut trouver une pratique par laquelle, connaissant la force et les actions du feu, de l'eau, de l'air, des astres, des cieux, et de tous les autres corps qui nous environnent, aussi distinctement que nous connaissons les divers métiers de nos artisans, nous les pourrions employer en même façon à tous les usages auxquels ils sont propres, et ainsi nous rendre maîtres et possesseurs de la nature.

DESCARTES. — *Discours de la méthode.*

A mesure que les relations des peuples s'accroissent, la science gagne à la fois en variété et en profondeur. La création de nouveaux organes, car on peut appeler de ce nom les instruments d'observation, augmente la force intellectuelle et souvent aussi la force physique de l'homme. Plus rapide que la lumière, le courant électrique à circuit fermé porte la pensée et la volonté dans les contrées les plus lointaines. Un jour viendra où des forces qui s'exercent paisiblement dans la nature élémentaire, comme dans les cellules délicates du tissu organique, sans que nos sens aient pu encore les découvrir, reconnues enfin, mises à profit et portées à un plus haut degré d'activité, prendront place dans la série indéfinie des moyens à l'aide desquels, en nous rendant maîtres de chaque domaine particulier dans l'empire de la nature, nous nous élevons à une connaissance plus intelligente et plus animée de de l'ensemble du monde.

HUMBOLDT. — *Cosmos.*

Selon que vous dépouillerez une colline de ses arbres, ou que vous y ferez croître une forêt, vous priverez un terrain de la rosée du ciel, ou vous ferez couler du rocher aride d'abondantes eaux. Il dépend donc de l'homme de changer jusqu'à la consitution atmosphérique du lieu où il s'établit. Les météores lui obéissent en quelque sorte, et le plus terrible de tous vient mourir à ses pieds.

BALLANCHE.

(28) A toute vérité dans l'ordre moral correspond une série de phénomènes naturels. Toute affirmation de la conscience implique une démonstration expérimentale. La science doit expliquer ce qui est l'évidence même pour le cœur et le sens commun : « L'univers est un empire de raison (Œrsted). »

ALFRED DUMESNIL. — *L'Immortalité.*

(29) Dieu nous a donné le nombre, et c'est par le nombre que l'homme se prouve à son semblable.—Otez le nombre, vous ôtéz les arts, les sciences, la parole et, par conséquent, l'intelligence. Ramenez-le, avec lui disparaissent ses deux filles célestes, l'harmonie et la beauté. — L'intelligence, comme la beauté, se plaît à se contempler : or, le miroir de l'intelligence, c'est le nombre. De là vient le goût que nous avons tous pour la symétrie ; car, tout être intelligent aime à placer et à reconnaître de tout côté son signe, qui est l'ordre.

J. DE MAISTRE.

Une grande erreur est de penser que l'enthousiasme est inconciliable avec les vérités mathématiques; le contraire est beaucoup plus vrai. Je suis persuadé qu'il est tel problème de calcul, d'analyse, de Képler, de Galilée, de Newton, d'Euler, la solution de telle équation, qui supposent autant d'intention, d'inspiration que la plus belle ode de Pindare. Ces pures et incorruptibles formules, qui étaient avant que le monde fût, qui seront après lui, qui dominent tous les temps, tous les espaces, qui sont, pour ainsi dire, une partie intégrante de Dieu, ces formules sacrées qui survivront à la ruine de tous les univers, mettent le mathématicien qui mérite ce nom en communion profonde avec la pensée divine. Dans ces vérités immuables, il savoure le plus pur de la Création; il prie dans sa langue. Il dit au monde comme cet ancien: « Faisons silence, nous entendrons le murmure des Dieux! »

EDGAR QUINET.

(30) Une idée qui se révèle à travers l'histoire en étendant chaque jour son salutaire empire, une idée qui, mieux que toute autre, prouve le fait si souvent contesté, mais plus souvent encore mal compris, de la perfectibilité générale de l'espèce, c'est l'idée de l'humanité. C'est elle qui tend à faire tomber les barrières que des préjugés et des vues intéressées de toutes sortes ont élevées entre les hommes, et à faire envisager l'humanité dans son ensemble, sans distinction de religion, de nation, de couleur, comme une grande famille de frères, comme un corps unique, marchant vers un seul et même but, le libre développement des forces morales. Ce but est le but final, le but suprême de la sociabilté, et en même temps la direction imposée à l'homme par sa propre nature, pour l'agrandissement indéfini de son existence. Il regarde la terre, aussi loin qu'elle

s'étend; le ciel, aussi loin qu'il le peut découvrir, illuminé
d'étoiles, comme son intime propriété, comme un double
champ ouvert à son activité physique et intellectuelle. Déjà,
l'enfant aspire à franchir les montagnes et les mers qui
circonscrivent son étroite demeure; et puis, se repliant sur
lui-même comme la plante, il soupire après le retour. C'est
à, en effet, ce qu'il y a dans l'homme de touchant et de
lbeau, cette double aspiration vers ce qu'il désire et vers
ce qu'il a perdu; c'est elle qui le préserve du danger de
s'attacher d'une manière trop exclusive au moment présent. Et de la sorte, enracinée dans les profondeurs de la
nature humaine, commandée en même temps par ses instincts les plus sublimes, cette union bienveillante et fraternelle de l'espèce entière devient une des grandes idées qui
président à l'histoire de l'humanité.

GUILLAUME DE HUMBOLDT.

(31) Nous avons vu l'homme, s'essayant dès le berceau
à une lutte gigantesque, combattre la nature, la dompter,
et par l'empire qu'il exerce sur elle, l'assimiler en quelque
sorte à son propre organisme. Il s'assujettit non-seulement
ses forces purement physiques, mais les forces vivantes
des animaux et leurs instincts mêmes. Dirigés selon les
vues de son intelligence, ils l'aident à satisfaire ses besoins
variés, à étendre le domaine de son industrie indéfiniment
progressive. Le sol transformé change d'aspect; les vents,
les eaux lui obéissent, travaillent pour lui; il dispose à son
gré de tous les êtres inférieurs, associés ainsi à ses fonctions plus hautes, à sa fin plus parfaite.

Ce progrès en prépare un autre. Le cercle de son activité s'élargit. Des facultés qui sommeillaient en lui, peu à
peu s'éveillent. De l'ordre de l'utile, il s'élève à l'ordre du

beau, et, se développant à la fois en tous deux, il multiplie ses conquêtes et affermit sa souveraineté sur le monde matériel, en même temps que le monde des essences ouvre devant lui ses splendides perspectives.

A travers le voile transparent des phénomènes que les sens perçoivent, l'esprit contemple les types divins, les immuables exemplaires des choses. L'homme, maintenant, s'efforcera de les reproduire dans ses œuvres. Elles n'auront plus pour but unique la satisfaction des besoins du corps. D'autres besoins sont venus s'ajouter à ceux-ci. L'âme, à son tour, réclame son aliment intellectuel. Elle aspire au vrai infini, elle le cherche avidement sous les formes sensibles qui en offrent la vague image, qui en sont comme le rayonnement extérieur; car le beau, en effet, est le rayonnement du vrai, l'atmosphère lumineuse qui tout ensemble révèle et cache l'astre qu'elle enveloppe. Pour reproduire, autant qu'il le peut, le modèle idéal conçu par la pensée, l'art déploie ses magnificences; il crée avec la pierre, les couleurs, les sons, avec le mouvement et la parole rhythmés, tout un symbolique univers, et ces créations, diverses selon les lieux, les temps, les doctrines, expriment l'état des peuples à mesure qu'ils avancent dans les voies que Dieu leur a tracées, ou qu'obéissant à une attraction mystérieuse, éternelle, ils montent vers lui.

LAMENNAIS. — *Esquisse d'une philosophie.*

PRINCIPAUX OUVRAGES CONSULTÉS

Meteorological papers compiled by rear-admiral Fitz Roy F. R. S., published by authority of the Board of trade.

The Weather book: A manual of pratical meteorology by rear admiral Fitz Roy, F. R. S.; second edition.

The physical geography of the sea and its meteorology, by M. F. Maury, superintendent to the national Observatory Washington; eighth edition.

Instructions nautiques destinées à accompagner les cartes de vents et de courants, par M. F. Maury, directeur de l'Observatoire de Washington; traduites par Ed. Vaneechout, lieutenant de vaisseau, publiées au dépôt de la marine par ordre de S. E. l'amiral Hamelin, ministre secrétaire d'État de la marine impériale.

Guide du marin sur la loi des tempêtes, par Henry Piddington, président de la Cour de marine à Calcutta, traduit par F.-J.-T. Chardonneau, lieutenant de vaisseau; seconde édition.

22

Observations et recherches expérimentales sur les causes qui concourent à la formation des trombes, par A. PEL-
TIER.

Cosmos, essai d'une description physique du monde, par A. DE HUMBOLDT.

Terre et Ciel, par Jean REYNAUD ; troisième édition.

Encyclopédie nouvelle, publiée sous la direction de P. LE-
ROUX et J. REYNAUD.

TABLE

Imprimerie L. Toinon et Cᵉ, a Saint-Germain.

Imprimé en France
FROC031645230120
23251FR00013B/181/P

9 782329 360089